T-34

☆ 坦克实战 ☆

[俄罗斯] 阿尔乔姆·德拉布金　　[俄罗斯] 奥列格·舍列梅 著

张一鸣 译

民主与建设出版社
·北京·

© 民主与建设出版社，2025

图书在版编目（CIP）数据

T-34坦克实战/（俄罗斯）阿尔乔姆·德拉布金，（俄罗斯）奥列格·舍列梅著；张一鸣译. -- 北京：民主与建设出版社，2025.5. -- ISBN 978-7-5139-4897-5

Ⅰ．E923.1

中国国家版本馆 CIP 数据核字第 2025L4H387 号

T-34 IN ACTION by ARTEM DRABKIN AND OLEG SHEREMET
Copyright ©ARTEM DRABKIN AND OLEG SHEREMET, 2006
This edition arranged with Pen & Sword Books Limited
through BIG APPLE AGENCY, LABUAN, MALAYSIA.
Simplified Chinese edition copyright:
©2025 ChongQing Zven Culture communication Co., Ltd
All rights reserved.

著作权登记合同 图字：01-2025-1136 号

T-34 坦克实战
T-34 TANKE SHIZHAN

著　　者	[俄罗斯] 阿尔乔姆·德拉布金　[俄罗斯] 奥列格·舍列梅
译　　者	张一鸣
责任编辑	唐　睿
封面设计	周　杰
出版发行	民主与建设出版社有限责任公司
电　　话	（010）59417749　59419778
社　　址	北京市朝阳区宏泰东街远洋万和南区伍号公馆4层
邮　　编	100102
印　　刷	重庆长虹印务有限公司
版　　次	2025年5月第1版
印　　次	2025年5月第1次印刷
开　　本	710毫米×1000毫米　1/16
印　　张	13.5
字　　数	172千字
书　　号	ISBN 978-7-5139-4897-5
定　　价	79.80元

注：如有印、装质量问题，请与出版社联系。

译者序

T-34在坦克发展史和世界历史中的重要意义早已广为人们所知。它走出了二战前各军事大国常见的为了将坦克用于狭窄特定用途而刻意进行高度针对性设计的装备规划思路,将坦克设计调节至可以充分利用现有工业所能够提供条件的地步,形成了真正的"通用坦克",从物质存在上使坦克兵器和坦克兵兵种向着脱离骑兵之延伸或步兵、炮兵、工程兵之从属的独立地位迈出了一大步。它的性能优势给了伟大卫国战争早期屡屡溃败的苏联红军一针弥足珍贵的强心剂;它的结构潜力让苏联坦克工业得以尽快应对艰苦岁月里随时出现的难题;一次次反攻的胜局几乎总是要由T-34队列的作战进展来划定。冷战后,在新式坦克还来不及填满的战场上,T-34还要随着苏联的援助物资为许多国家,特别是为争取自身解放的各个民族奋力战斗。

在世界反法西斯战争胜利80周年之际,《T-34坦克实战》这样一部作品能够在数不清的数据、档案、专业评论、高层回忆之外,填补上一份来自一线军人亲身体验的记述。本书的选材主要来自十余位T-34坦克乘员的访谈。他们参军入伍的时间各不相同,出身和经历用"形形色色"来描述一点也不为过，但共同点在于他们都是1941年6月22日战争爆发以后才进入作战部队的。不过，博德纳里和阿里亚在战争爆发时已是军校学员，而其余人都是在最危险的莫斯科保卫战胜利之后才进入作战部队的。最终，他们中的大多数人越过了国境线，打进了德国本土。

访谈项目的主理人阿尔乔姆·弗拉基米罗维奇·德拉布金（Артём Владимирович Драбкин）后来用"口述史"的理论阐释自己的工作——"驱动口述史发展的与其说是对事实的追求，不如说是对事件的解释"——告诉读者对"口述史"的准确性应当抱有合理且宽容的期望。另一个值得注意的地方是，"口述历史是访谈者与信息提供者在见面记录访谈时互动的结果"，采访时的问题模板保证了老兵们叙述时可以有基本的信息量和框架。战士的口和记述者的笔在自然间写就了一部朴素的俄罗斯文学作品。对于国内读者来说，他们从这部作品中可以了解苏联红军坦克兵在战时是如何培养的，可以感受基层坦克兵的生活状态，可以窥探惩戒部队、苏联红军战士如何对待不同的德国人、除奸部的活动、苏联红军基层眼中的上级形象等有趣话题的一角，甚至是战前苏联民众生活的缕缕痕迹；当然还有军事爱好者最关注的内容，比如战士们如何评价自己的座车、平时如何与自己的T-34朝夕相处。德拉布金和军事作家格里戈里·佩尔纳夫斯基、著名学者阿列克谢·伊萨耶夫在本书前篇贡献了两篇总结性的文章。

在本书的翻译过程中，有必要向大家表达我最诚挚的谢意。他们慷慨地奉献了自己宝贵的时间，以及自己的专业知识。没有他们的帮助，本书也无法顺利完成。首先，我要感谢我的挚友张嘉睿，他在俄语方面给予了我极大的帮助。其次，我要特别感谢潘泽先生在技术层面所提供的支持。

张一鸣

2024年12月

目录

前言 01

第一章 / "伙计们，让我们成为坦克手！"
阿尔乔姆·德拉布金和格里戈里·佩尔纳夫斯基 03

第二章 / "跟 T-34 作对的德国坦克就是垃圾"
阿列克谢·伊萨耶夫 27

第三章 / "他们打不穿我们的前装甲"
亚历山大·瓦西里耶维奇·博德纳里 51

第四章 / "现在我知道了，你是一个真正的坦克兵"
谢苗·利沃维奇·阿里亚 65

第五章 / "我的坦克成为另一个牺牲者"
尤里·马克索维奇·波利亚诺夫斯基 75

第六章 / "火光照得战场如白昼一般明亮"
亚历山大·米哈伊洛维奇·法金 87

第七章 / "炮塔被一发炮弹打中，坦克里浓烟滚滚"
彼得·伊里奇·基里琴科 127

第八章 / "我们的坦克是最好的"
亚历山大·谢尔盖耶维奇·布尔采夫 135

第九章 / "只有比较幸运、聪明且狡猾的车组才能活下来"
瓦西里·帕夫洛维奇·布留霍夫 145

第十章 / "你们要是不去，就会被枪毙"
阿尔卡季·瓦西里耶维奇·马里耶夫斯基 171

第十一章 / "只要你的部队还在，你就得跟他们在一起！"
尼古拉·雅科夫列维奇·热列兹诺夫 177

第十二章 / "你一旦停下，就完了！"
格奥尔基·尼古拉耶维奇·克里沃夫 197

前　言

我从2000年开始采访曾参与二战的俄罗斯老兵。那时距离德国入侵苏联的"巴巴罗萨"行动已经将近60年了。

有人说："现在太晚了。这些80岁的老兵什么都不记得了。"相信我，事实并非如此。战争在他们的灵魂深处留下了如此深刻的伤痕，以至于一些退伍士兵拒绝与我见面，因为他们不愿回顾战时那些永远铭刻在他们记忆中的事件。

在一系列访谈中，尼古拉·雅科夫列维奇·热列兹诺夫（本书中的一章内容就是他的回忆）请求我停止向他提问，因为在我们上一次见面后，他感觉非常不舒服。当然，我遵从了他的请求。尽管如此，我还是记录下了自己和许多曾在著名的T-34坦克中战斗过的人的访谈，并在这里呈现了其中的一些。我尽可能地保留了每位老兵的讲话风格，并希望这种风格在翻译过程中得以保留。

我要强调的是，访谈作为信息来源，确实存在许多缺点，读者在阅读本书时应注意这一点。首先，读者不应该期望（受访者）对事件的描述完全准确，毕竟事件发生至今已近60年。有时几段记忆融为一体，而另一些记忆则消失得无影无踪。其次,读者应该考虑到,每位叙述者对他所描述的事件都有着自己的看法。而且,读者不应该因为不同人讲述的故事之间存在的矛盾,以及这些故事呈现出的碎片状结构而打退堂鼓。我认为,与坦克的具体数量或行动的确切日期相比,受访者们的真挚和诚实,对于我们理解这些曾踏入战争地狱的人们更为重要。

在正文前两章中,我们会尝试总结众多受访坦克兵的个人经历,并将(他们作为)战争一代的共同特点与个体感知之间的差异区分开来。尽管这些内容远不能描绘出一幅完整的画面,但它们确实代表了坦克手对装备、车组人员内部关系,以及前线生活经历的普遍态度。

阿尔乔姆·德拉布金
2005年9月

第一章

"伙计们，让我们成为坦克手！"

阿尔乔姆·德拉布金和格里戈里·佩尔纳夫斯基

我曾经认为"中尉"，

听起来像"让我们尽情狂欢吧！"

如今为了了解地形，

他走在碎石路上。

战争全然不是烟火，

而只是艰辛劳作……

——米哈伊尔·库利奇茨基

20世纪30年代，军人在苏联非常受欢迎。导致这种情况的原因有几个。首先，红军指战员象征着相对年轻的苏联国家的力量，而这个国家在短短几年内成功地将自己从饱受战争摧残的贫穷农业国，转变为一个似乎可以自卫的工业巨人。其次，军人是苏联收入最高的人群之一。比如航空学校的教官月薪高达700卢布（当时一条白面包的售价为1.7卢布，一公斤优质牛肉为12卢布），并享有其他特权（可领取制服，食堂就餐和公共交通免费，还能选择宿舍或领取租房补贴）。相比之下，苏联全国在30

年代末才取消食品票证配给制。想要穿一件像样的衣服也很困难，比如在冬天，人们穿着由革命前的旧衣服改制而成的服装；在夏天，人们则穿着旧的红军军装或简单的帆布裤子和粗帆布鞋四处闲逛。城市中的生活条件十分艰苦——一栋革命前属于上层阶级的旧公寓里往往住着多达50户人家，而新的居所还没有建起来。

此外，服兵役为离开农村环境的人提供了提高教育水平和学习专业技能的机会。坦克车长亚历山大·谢尔盖耶维奇·布尔采夫中尉回忆道："我们每个人都梦想在军队中服役。我记得男人们服役三年回来后，就像完全变了个人。他们离开时只是淳朴的乡村男孩，回来时却成为受过教育、有修养和学识的人，衣着甚好，穿着军便装、裤子和长筒靴，身体强健。服完兵役后，一个人会操作机器，能够带领他人工作。当一名军人从军队归来时，整个村庄的人都会聚集起来欢迎他。一个家庭会为这名军人在军队中的经历，以及他所成为的人感到骄傲。"

在这样的背景下，关于红军不可战胜的宣传很容易让人们接受。人们真诚地相信红军将"以很小的流血牺牲，在敌人的土地上"击败敌人。即将到来的战争——机械化战争也创造了新的宣传形象。如果说在20世纪20年代，每个学生都把自己想象成手持马刀、纵马冲锋的骑兵；那么在30年代，这种浪漫形象完全被坐在高速单翼机里的歼击机飞行员和驾驶强大战车的坦克手取代了。在将来不可避免的战争中驾驶歼击机或用坦克的大炮攻击敌人，成为成千上万苏联少年的梦想。"伙计们，让我们成为坦克手！这多么光荣！"排长尼古拉·雅科夫列维奇·热列兹诺夫回忆道："你的车辆行驶着，整个国家就在你身下！而你正骑在一匹'铁马'上！"

飞行员和坦克手甚至在外表上就能与绝大部分军人区分开来。飞行员身着蓝色制服，而坦克手身着钢灰色制服，因此他们即使在乡村街道上漫步也不会不引人注目。他们佩戴在身上的勋章数量也不同寻常——

这在当时非常罕见——因为坦克手和飞行员经常参与苏联公开或秘密实施的"小型战争"。

飞行员和坦克手在电影里也非常光鲜亮眼，如《炎热的日子》《假如战争在明天》《歼击机》《第五大队》等。尼古拉·克留奇科夫和尼古拉·西蒙诺夫等苏联电影的大明星，在电影中塑造了苏联坦克手和飞行员的浪漫形象。然而，1941年6月22日爆发的战争与电影描绘的情形完全不同。

在战争最初几个月，红军遭受了惨重的损失，坦克兵是首当其冲受到纳粹战争机器打击的人群之一。教导连学员米哈伊尔·费奥多罗维奇·萨夫金回忆了他于1941年6月23日指挥T-34在拉杰霍夫进行的第一场战斗："我们的坦克向德军炮兵发起攻击。德国人用重炮、半自动高射炮和迫击炮进行了还击。几辆坦克被击毁。各种口径的炮弹像锤子一样砸在我们坦克的装甲上，但我通过观察口，看不到任何火炮。最后，我看到一架被击落的Po-2飞机旁边有炮口发出火光，因此发现了隐藏在伪装网下的火炮。我向它发射了一枚杀伤榴弹。炮弹的落点距离火炮很近，火炮所在位置的泥浆像喷泉一样直冲云霄。"

红军最高统帅部试图组织机械化军和坦克师进行反击，但这些行动只取得了非常有限的战术胜利。T-26坦克车长谢苗·瓦西里耶维奇·马特维耶夫中士回忆道："红军在战前就开始效仿德国装甲军的模式，组建机械化军。但我认为我们没有一个机械化军齐装满员。我所在的军（实际员额）只有不到编制员额的一半。我们只有一点零碎的装备。我的坦克营事实上还不如一个连。我们根本没有卡车或拖拉机。军队是一个庞大的有机体，德国人的军队已经完成建立并开始运行（而且我认为运行是良好的），我们的军队才刚开始建立。因此，我们不应该为他们当时比我们强大感到羞愧。他们比我们强大得多。这就是为什么他们在战争的第一年经常打败我们。"

在西部各军区几乎失去所有坦克和大多数专业坦克乘员后，红军撤退到了俄国腹地。坦克的缺乏和德军闪电般的突破速度迫使红军将许多幸存的坦克乘员当作步兵部署。然而，撤退头几个月的混乱局面并未持续太久。早在1941年7月下旬，红军就接到命令，将失去坦克的坦克乘员派往后方；8月和9月，机械化军中经历过战斗考验的人员被派往新组建的坦克旅。M.E.卡图科夫的坦克旅是由逃脱自乌曼包围圈的机械化第16军坦克第15师的坦克乘员组建而成的；1941年6月在利沃夫作战的坦克第32师的坦克手们，于11月7日在红场参与阅兵。10月9日，斯大林下达命令，由军官担任中型和重型坦克车长。根据这项命令，中型坦克车长一职由中尉和少尉担任。中型坦克排由上尉领导，中型坦克连由大尉指挥。为确保坦克乘员能（在战场上）表现得更好，从1941年11月18日起，他们应全由军官和士官组成。两个月后，一道新的国防人民委员令发布，该命令禁止解散在战斗中失去坦克的经验丰富的部队。这些部队应按命令将所有人员送往后方，以便进行重新装备。

如果一支坦克部队必须解散，其高级指挥人员会被送往红军汽车装甲坦克兵干部部部长处，等待重新分配，而坦克乘员会被送往各后备坦克团。不过，在许多情况下，坦克乘员都会在其他兵种部队服役，并从事与原先岗位无关的工作。1942年12月底，斯大林终止了这一做法，并下令所有在其他岗位服役的坦克手必须由汽车装甲坦克总局重新分配工作。住院的坦克手在身体恢复健康、可以重返岗位时，必须将其专门派往坦克部队。斯大林的命令以一句不容曲解的话语告终："从现在起，我明令禁止任何人将上述各类坦克乘员安排在其他兵种服役。"

此时，红军在经历了两次失败的夏季战役后，正在慢慢恢复。尽管坦克仍然是短缺的，从哈尔科夫和列宁格勒撤离的坦克制造厂也刚刚在乌拉尔地区重新开始生产，但军队已经在培训新的车组，来取代战斗中牺牲的人员。

战争爆发时,汽车装甲坦克总局共辖有22所学校,包括13所坦克学校、1所坦克技术学校、1所汽车技术学校、3所汽车摩托车学校、2所拖拉机学校,以及2所摩托雪橇学校。一些学校在敌人逼近时进行了疏散,并一度停止训练,让现有的学员以少尉军衔毕业。不过,上述学校很快在新的地点重新开课,并立即为坦克部队培训新成员。红军为坦克乘员组建了许多后备教练团和教练营,坦克工厂也组建了教导连。然而,在1942年夏季,坦克乘员的缺乏是显而易见的——那时幸存的专业坦克兵寥寥无几,而没有战斗经验的年轻坦克乘员往往在第一次行动中就阵亡了。斯大林在当年10月下令,将战斗中表现良好且学历不低于中学七年级的士兵和军士送去坦克学校继续学习——每月有五千名符合条件的人员前往相应学校。另外,每月前往坦克教练单位接受培训的车组乘员也有八千人。参与培训的人员里,至少有40%应为下士和中士。此后,在战争余下的时间里,红军每年都会发布这样的命令。正如亚历山大·谢尔盖耶维奇·布尔采夫的回忆:"有些伙计从前线来到坦克学校,学习了六个月,然后就返回前线,而我们仍在学习。确实,如果一个人去过前线,参加过战斗,他掌握起教纲来也更容易。特别是被送到坦克学校的(坦克)驾驶员、装填手和炮手。相比之下,我们是直接从学校毕业的。我们什么都不懂。"

坦克学校是在现有的汽车学校和汽车摩托车学校基础上建立起来的。这些学校的改革在坦克车长尤里·马克索维奇·波利亚诺夫斯基少尉和亚历山大·米哈伊洛维奇·法金中尉的职业生涯中发挥了重要作用:"我们听说最高统帅下令将我们的学校改组为高尔基第二坦克学校。我们年轻的学员喊道:'万岁!'那些在哈拉哈河与芬兰战斗过、解放了西乌克兰和西白俄罗斯的老学员对我们说:'你们高兴什么?你们会在这些铁罐里被活活烧死的。'"

　　新兵们必须通过自己的亲身经历才能了解,在装甲部队服役是一项艰苦而血腥的工作,与他们年少时可能持有的美好想法完全相反。如今还健在的人大多出生于1921年至1924年,在战争的阴影下接受了坦克兵相关的训练。他们最终以各种方式加入了坦克部队。"我为什么成为一名坦克手?我把自己看作未来的战士,"坦克车长亚历山大·瓦西里耶维奇·博德纳里中尉回忆道,"此外,我叔叔也是一名军官,1939年他对我说:'萨沙①,你就要中学毕业了。我建议你去上军事院校。战争是不可避免的,所以最好在战争中成为一名军官——你能做得更多,因为你会知道得更多。'"有些人本打算进入其他兵种,只是不得不"既来之,则安之"。比如A.S.布尔采夫原本被派往航空学校,但那里的招生工作已经结束,多余的新兵被派往萨拉托夫第一坦克学校。坦克营营长瓦西里·帕夫洛维奇·布留霍夫回忆说,他热爱军事科学:"我想在毕业后进入海军学校,这是我的梦想。他们的军装非常漂亮!"一些未来的坦克手,如谢苗·利沃维奇·阿里亚,已经在其他军事院校接受培训,但战争打乱了他们的计划:"我(一名坦克乘员)曾在新西伯利亚军事交通工程学院就读。在我们的火车遭遇空袭受损后,我被派到一个训练坦克驾驶员的营。"大多数新兵都是奉命前往某兵种服役,而不是去自己想去的兵种。

　　战前的培训计划与战时大不相同。战前坦克兵指挥员干部的课程为期两年,他将学习使用红军的每一种坦克。他需要学会驾驶坦克、操作武器和学习坦克战术的知识。事实上,从坦克学校出来的是广域专业人才,可以执行车组中任何乘员的任务,甚至可以对车辆进行维护。坦克兵

---

　　① 此处的"萨沙"是博德纳里姓名中的"亚历山大"的昵称[后文第114页处(提到法金时所用的"萨沙")也是如此]。本书所有脚注均为"译者注",后文不再逐一标出。

干部A.V.博德纳里曾这样表示:"我们上过实践课,对设备进行了深入研究。M-17型发动机非常复杂,但我们对它的每一个螺栓都了如指掌。我们还会组装或拆卸主炮和机枪。"

战争期间作为补充兵员抵达前线的坦克兵没有太多时间接受训练。部队需要不断补充人员,因此训练计划相应进行了缩减。"当我从学校毕业时,只用坦克主炮发射了三发炮弹,打了一个机枪弹盘,"坦克营营长瓦西里·帕夫洛维奇·布留霍夫回忆道,"我们上过一些驾驶课,学的都是些基本的东西——像是如何启动坦克并直线行驶。"萨拉托夫第一坦克学校的毕业生A.S.布尔采夫和N.Y.热列兹诺夫认为他们的培训水平较高——那里的学员首先学习使用英制"玛蒂尔达"坦克和加拿大(获得授权)制造的"瓦伦丁"坦克,然后学习使用T-34坦克。和阿尔先季·康斯坦丁诺维奇·罗德金、A.V.博德纳里两位少尉一样在乌里扬诺夫斯克坦克学校学习过的坦克车长尼古拉·叶夫多基莫维奇·格卢霍夫回忆道,在那里的学员从一开始就学习使用现代化装备,而且相关的训练质量很高:"我们学到的所有知识在战斗中都派上了用场。我们对武器和发动机的了解都非常透彻。"

各所学校内的生活条件也各不相同。根据1941年9月22日苏联国防人民委员部第312号令,所有陆军和空军学校的学员都应该获得所谓"第9号伙食标准"的配给,就卡路里而言接近前线伙食标准。然而,在哈尔科夫第一坦克学校学习的格奥尔基·尼古拉耶维奇·克里沃夫中尉认为"我们有很好的伙食——早餐有粥、肉和黄油";同一时间,被疏散到切尔奇克的斯大林格勒坦克学校学习的V.P.布留霍夫却回忆说,伙食标准差到"监狱里的因犯都吃得比我们好"。显然,并非所有学校都能做到上述命令规定的标准。

学校的培训会以考试结束。1943年之前,通过考试并获得"优秀"或

"良好"成绩的毕业生将被授予中尉军衔,而获得"及格"成绩的毕业生则被授予少尉军衔。但在1943年夏季之后,所有毕业生都被任命为少尉。考试委员会还会进行额外测试,以选拔毕业生担任排长或战斗坦克车长。

新毕业的指挥员会前往坦克工厂,在那里等待他们的是由工厂坦克教导营训练的其他车组乘员。这些车组乘员的培训时间如下:驾驶员至少三个月,机电员和装填手最多一个月。驾驶员S.L.阿里亚中士回忆道:"他们教我们驾驶坦克,与指挥员沟通,了解发动机的构造和维护方法。他们让我们穿越障碍,教我们更换履带板(维修履带是一项非常艰巨的任务)。在接受两三个月训练的过程中,我们还参与了在工厂主传送带上组装坦克的工作。"彼得·伊里奇·基里琴科最后进入了一个训练机电员的营,他记得"在航空学校学习了飞机无线电装置和航空机枪的操作后,学习使用坦克无线电设备和DT机枪简直是小菜一碟"。事实上,仅仅接受了一个月的训练后,他就以上士的身份和他的乘员们一起奔赴前线。值得一提的是,坦克乘员参与坦克组装的情况非常普遍。几乎所有接受采访的老兵都记得在工厂期间以这种方式(为工厂)提供帮助。这在一定程度上可以解释为工厂的工人短缺;但这也是年轻士兵获得免费午餐卡的一种方式,他们因此可以在工厂食堂就餐。

如果说新晋的中尉不得不凑合着使用分配给他们的车组乘员,那么有战斗经验的年长指挥员往往会尝试挑选经验丰富的坦克手。比如G.N.克里沃夫回忆道:"一些年纪稍长的军官会为他们的车组挑选人员,但我们从未这样做过。"实际上存在着一个公认的挑选顺序。V.P.布留霍夫观察到:"坦克车长或排长不能挑选他们的乘员。但连长可以,而营长总是从以前战斗中认识的人里挑选他的乘员。"后者的一个典型例子是A.M.法金中尉指挥的营长座车的车组,其中所有人都曾接受政府嘉奖:

"他们与部队其他成员分开居住,不与另外30名坦克乘员交谈。"

派往前线之前的一段时间通常被用于加强车组乘员和单位之间的联系。新制造的坦克会进行50公里的行军,并进行射击训练和战术演习。法金的乘员是这样做的:"我们从工厂收到了全新的坦克。我们把它们开到靶场,那里已经给我们准备好了目标。我们迅速组成攻击队形,使用实弹在行进中发起突击。然后,我们在集结区整队,将坦克开往火车站,准备去前线。"V.P.布留霍夫的乘员只发射了三发(坦克主炮的)炮弹和一个机枪弹盘的子弹。有时,坦克乘员根本没有时间熟悉他们的车辆。"厂方人员告诉我们,这是我们的坦克,"G.N.克里沃夫说,"坦克就在我们眼前进行装配,但(因为没有装好)根本无法使用。我们的坦克甚至还没装配完成,开往前线的火车就已经准备就绪了。我们填写了表格,领到了手表、钢笔和用于过滤燃料的绸布,然后就启程赶往前线。"

很多时候,原定的坦克车组甚至还没在前线参与第一场战斗就已"分崩离析"。接受补充的部队仍有经验丰富的坦克手所组成的核心,他们会把新到坦克车组中的新手车长和驾驶员替换下来,将他们派往营预备队,或者把他们送到工厂接收另一辆新坦克——Y.M.波利亚诺夫斯基就遇到了这种情况。此外,本来具有坦克排排长资质的A.M.法金并没有损失他的车组人员,但在抵达前线后只成了一辆普通坦克的车长。

所有接受采访的坦克兵都证实,"战斗车辆的车组"在前线并不是一个稳定的单位。一方面,人员和装备的大量损失导致了车组乘员的快速轮换;另一方面,车长也不太在意保持(相同的)乘员们形成一个整体。即使是相当成功的V.P.布留霍夫,在战争期间也至少拥有过十个(人员不同的)车组。显然,这就是坦克手之间没有特殊友谊纽带的原因。但也有例外——连长阿尔卡季·瓦西里耶维奇·马里耶夫斯基中尉的车组,就和他本人一起经历了整场战争。当然,车组乘员之间总是保持着同志情谊。"我们所有人在坦克里的目标是一致的——那就是活下来并消灭敌人，"A.S.布尔采夫说，"因此，车组的团结非常重要。这种团结总是带来积极的结果。"

回到国防人民委员部任命士官和军官加入坦克车组的命令上来，很难说车组的不同乘员中存在一套固定的军衔制度。坦克车长通常是中尉或少尉。A.M.法金车组的驾驶员是一名上士，而装填手和机电员是下士。机电员P.I.基里琴科从教练团毕业后晋升为上士。实际上，车组的每个乘员都有机会晋升为军官并成为坦克车长，或者进一步获得更高的职位。基里琴科就有这样的机会，他在战争结束前完成了学校课程，成为一名高级机械师，并担任修理队队长。将最有经验的坦克兵——特别是驾驶员——重新培训为坦克指挥官，并将他们晋升为中尉或少尉，是很常见的做法。不过，在战争初期，各级军士也可以担任坦克车长，就像A.V.马里耶夫斯基的情况一样。与英国军队、美国军队或德国国防军不同，在红军中，严格的军衔制度只存在于纸面上。

抵达前线后，所有坦克手，不论军衔如何，都会共同努力维护他们的坦克。"我们为坦克加油、修理、装填弹药，"布留霍夫说，"即使在我成为营长后，我仍然作为一名普通乘员与其他乘员一起工作。"罗德金也附和道："我们不在乎你是不是车长，是不是军官。在战斗中我是一名车长，但在修理履带或清洁炮管时，我和其他人一样是车组乘员。我认为在别人工作的时候站在一边抽烟是不好的示范。其他车长也持同样的看法。"为坦克加油和装填弹药期间，所有乘员都是平等的。给车辆挖掩体也是每个人的责任。法金回忆说："为坦克挖掩体几乎花了整整一个晚上，我们两人一组，互相换着挖。我们挖开了大约30立方米的土。"

这种分担劳动的行为，以及在战斗中相互依赖的感觉避免了今天常见的虐待年轻士兵的现象发生。基里琴科回忆道："我们的驾驶员比我们

(其他人)年长，甚至比我们的车长还大，对我们来说，他就像我们的叔叔，享有无可争议的尊重。战前他就在部队服役，什么都见过。他为我们着想。他并没有强迫我们这些年轻士兵干所有脏活累活；相反，他会尽可能地帮助我们。"这些资历深、经验丰富的同志在前线扮演着非常重要的角色。他们会教年轻士兵取下舱盖锁的弹簧，这样即使受伤也能逃生；并建议他们清洁坦克通话装置的插头，以便轻松断开连接。他们还能在战斗前安抚年轻人的情绪。

有趣的是，这些老兵声称他们并不惧怕死亡，这显然是因为他们还年轻。"你根本不会想到这个问题，"法金说，"当然，你会感到不安，但那不是恐惧，更多是兴奋。一旦进入坦克，你就忘记了一切。"A.S.布尔采夫表示同意："我在前线并没有感到恐惧。有时我会被吓到，但没有恐惧过。"G.N.克里沃夫补充道："我不想死，也没想过死，但在开往前线的火车上，我看到很多人因恐惧而痛苦不堪，并为此精疲力竭——他们往往是最先阵亡的。"几乎所有老兵都说，在战场上，他们的意识都有点恍惚，每个幸存者都以不同的方式描述了这一点。N.Y.热列兹诺夫回忆说："你不再是一个人类，也无法像人一样沟通和思考。也许正是这一点拯救了我们。"V.P.布留霍夫还记得："当我的坦克被击毁，我不得不弃车时，我确实有点害怕。但除此之外，当我在坦克里面时，我根本没有时间感到恐惧，因为我非常忙。"克里沃夫对战斗前克服恐惧的过程作了非常有趣的描述："在我最后几场战斗中，我指挥着连长的坦克。那些家伙都是他的乘员。有一个人非常沉默，一句话也不说，第二个人只想着狂吃。我们发现了一个养蜂场，他就到里面狼吞虎咽地享用面包蘸蜂蜜。我会神经兴奋得难以坐下。连长会用力地用鼻子吸气呼气，发出声响。"当然，除了对死亡感到恐惧，人们还会对其他方面感到恐惧，比如受伤或残废，以及在战斗中失踪或被俘。

许多人无法克服他们的恐惧情绪。一些老兵描述了坦克乘员在坦克被击中前就弃车逃跑的情况。近卫坦克第12军的一位前技术副旅长阿纳托利·施韦比希回忆道:"这种情况在战争末期变得更加普遍。比如一场战斗正在进行,坦克乘员会弃车,让坦克滚下山坡;此时坦克继续前进,然后被击毁。从我们的指挥所就能看到这一幕。当然,我们针对这种把戏采取了措施。"叶夫根尼·伊万诺维奇·别索诺夫提到了他在奥廖尔攻势中看到的相同一幕:"坦克被击毁了,但这是乘员的过错。他们事先弃车而逃,坦克就这样空无一人地继续朝敌人前进。"然而,并不能说这种行为是常见的,因为其他老兵并没有遇到此类情况。乘员蓄意毁坏坦克的情况非常罕见,但确实发生过。比如驾驶员(靠近车体左侧)可能会故意让坦克的另一侧(即车体右侧)暴露于德军的火力之下。然而,如果这样的逃避者被除奸部发现,他就会受到严厉的惩罚。A.V.马里耶夫斯基回忆道:"我们部队有三名驾驶员在维捷布斯克和波洛茨克之间的地域被枪毙。他们把坦克侧面暴露给了德国人,但这种行为骗不了除奸部。"

值得一提的是,许多老兵都回忆起曾有人预感自己将会死去。一位老兵回忆道:"我战友舒尔金的坦克被一发重炮炮弹炸成了碎片,那一定是从舰炮炮管里发射的。他比我们年长,知道自己很快就会丧命。平时他是一个快乐而幽默的家伙,但在去世前两天,他突然变得沉默寡言。他不再和任何人说话,只是把自己封闭起来。"P.I.基里琴科和N.E.格卢霍夫都遇到过这样的情况;而S.L.阿里亚回忆说,一位坦克手对即将到来的危险会有预感,这种预感好几次都把他从死亡线上救了回来。尽管受访者中没有迷信的人,但V.P.布留霍夫描述道:"有些人在战斗之前几天不刮胡子。有些人认为必须换内衣,有些人则相反——他们不换内衣。有人活了下来,所以他就一直穿着那套工作服。这些迷信是怎么产生的呢?年轻的补充兵来了,几场战斗之后,他们只剩下一半。幸存者会记住'啊哈,我当时穿着这样的衣服'，或者'我没有像往常一样刮胡子'，于是就开始培养这种迷信。如果这种迷信第二次起作用（也就是在下一次战斗中活了下来），他就会更加坚信不疑。"

退伍军人在被问及上帝时，给出了不同的答案。无神论和对自己力量、知识及技能的信仰在那个时代的年轻人中都很典型。"我相信我不会被杀死"是最常见的答案。尽管如此，布留霍夫评论道："一些人带着十字架，但在当时这并不时髦，所以即使带着的人也会试图把它隐藏起来。我们是无神论者。也有一些人信教，但我在战争期间看到的芸芸众生中，我从未注意到有人进行了祈祷。"只有A.M.法金确认他信仰上帝："在前线你不能公开祈祷。我没有祈祷，但我心中确实有对上帝的信仰。"然而，在绝望的情况下，许多士兵确实会求助于上帝，其中就包括A.V.博德纳里。

在战斗中，所有的恐惧和预感都会消失，取而代之的是两个最基本的愿望：生存和取胜。整个坦克车组都需要在战斗中竭尽全力，每个乘员都有自己的责任。"炮手应始终保持炮口对准坦克的行进方向，通过瞄准镜观察战场，并向车长报告情况，"A.S.布尔采夫说，"装填手应注视右侧和前方，随时向车组通报情况。机电员应观察右侧和前方。驾驶员应注意前方的路线，提醒炮手注意路面上的坑洞，以免我们的火炮炮管插进地里！车长通常会将注意力集中在左侧和前方。"

很多事情取决于特定两个人的技能：驾驶员和炮长（也就是后来的炮手）。"一名经验丰富的驾驶员是车组的救星，"布留霍夫说道，"他会把坦克开到实施射击的最佳位置；寻找掩体；隐藏并机动。一些驾驶员有时甚至会说：'我永远不会被打死。我会把坦克开到炮弹打不到我座位的地方！'我相信这一点。"G.N.克里沃夫认为他能在最初的战斗中幸存下来，全靠他车组中经验丰富的驾驶员的技术。

与其他老兵不同，A.V.马里耶夫斯基把炮手放在车长之后，排列为第二重要:"炮长比(车长以外的)车组其他乘员更重要。他可以取代车长和排长。炮长自己就是一个单位!"还应该指出的是,马里耶夫斯基是受访者中唯一一位即使在担任连长时也喜欢坐在驾驶员位置上的老兵:"如果一发炮弹击中炮塔,车长和装填手都会死。这就是为什么我总是选择坐驾驶员的位置。我知道如何生存下来。"

不幸的是,坦克手的平均射击水平很低。"我们的坦克乘员(射击时的)准头很差。"近卫坦克第4集团军近卫机械化第6军第49旅坦克搭载兵的排长叶夫根尼·伊万诺维奇·别索诺夫称。像热列兹诺夫、法金和布留霍夫这样的神射手往往被视为例外,而不是普遍现象。

在战斗中,装填手的任务虽然简单,但对其体力的要求很高——他们需要将炮弹推进主炮炮膛,并将抽出来的空弹壳从舱口扔出去。布留霍夫认为,任何身体强壮的机枪手都可以担任装填手——向年轻人解释区分穿甲弹和杀伤榴弹的不同标记是很简单的。不过,有时战斗压力过大,装填手会因吸入过多的火炮废气而晕倒。此外,他们的手几乎无一例外会被烧伤,因为他们必须在每次射击后立刻扔出烧红的弹壳,以免乘员舱被烟雾充满。

机电员在战斗中大多无所事事。"他的视野非常有限,而他机枪的射界就更有限了。"基里琴科回忆道。"机电员有一挺机枪,但通过机枪的观察孔几乎看不到任何东西,即使他开火,也只不过是根据车长的命令。"热列兹诺夫证实道。Y.M.波利亚诺夫斯基回忆了下面这段插曲:"我们(坦克车组乘员)商定,在超出我军步兵队列的地方,我们就用主炮和并列机枪开火。我们不能使用航向机枪,因为那样会打到自己人。但我们进入战斗后,机电员就很可能在混乱的战斗中忘记之前的约定,实际上在向我们的人开火。"

他(相应人员)也不需要担任机电员。"通常我们只会使用一个或两个频率。通信系统非常简单,任何车组乘员都能使用它。"基里琴科回忆说。布留霍夫则补充道:"在T-34-76坦克中,如果车长接受的训练不足,机电员会将内部通信切换为外部通信。如果车长训练有素,他就绝对不会把无线电设备的控制权交给别人(即机电员)——需要时他会自己进行相应操作。"

但在行军途中,机电员确实为驾驶员提供了实质性帮助,比如帮忙给早期T-34坦克的四速变速器换挡。"除此之外,由于他(驾驶员)的手很忙,我还会拿出纸、塞上土制烟或马合烟,卷起来、点火并把烟塞进他嘴里。这也是我的责任之一!"基里琴科说道。

布留霍夫记得,由于机电员没有独立的舱口,"他最容易被活活烧死。他处于最糟糕的位置,驾驶员在他左边,装填手在他后面"。这就是为什么布尔采夫驾驶的T-34-85坦克只有四名乘员——普通的坦克车长没有机电员,而乘员中包括排长及以上衔级的车组才有第五名乘员。

对于车组的生存来说,不同乘员在战场上互相替换职位的能力同样重要。坦克车长通常在坦克学校接受过足够的培训,能够替换任何受伤或阵亡的乘员。但对于只接受过短期培训的士官来说,问题就比较严重了。正如S.L.阿里亚所述,训练不足会导致乘员间无法相互替换,"但我还是用主炮发射了好几发炮弹"。即便是十几岁的尉官,也清楚车组乘员之间能够互相替换的必要性。热列兹诺夫回忆道:"在编排车组时,作为排长,我必须确保车组乘员之间可以互换职位。"基里琴科观察到,和他一个车组的乘员甚至会自发地进行交叉训练,因为他们都明白在战斗中这是多么重要。

对许多坦克手来说,战斗的结局要么是死亡,要么是受伤。坦克对步兵、炮兵和飞机而言都是一种容易攻击的目标,坦克行进的路上还布有地雷和障碍物。就算是短暂停留某处,这对坦克来说也可能是致命的。

即使是最优秀、最幸运的坦克王牌,也难逃突如其来的炮弹、迫击炮弹或"铁拳"火箭弹的攻击。虽说死得最频繁的是新人……"卡缅涅茨-波多利斯基的郊外有一个高射炮兵连,"热列兹诺夫回忆说,"该连击毁了我们的两辆坦克。两组乘员全部被烧死。其中一辆坦克周围的地面上躺着四具烧焦的尸体。一个成年人只剩下了婴儿般的尺寸。他们的头部非常小,脸会呈现出那种褐中透着红和蓝的颜色。"

导致乘员伤亡的主要因素是坦克被穿甲弹击穿后产生的装甲碎屑(或碎片),还有燃料系统受损时发生的火灾。穿甲弹或杀伤榴弹对坦克的轰击,哪怕没有击穿装甲,也可能造成车内乘员的内伤或手臂骨骼断裂。(被击穿后产生的)四处乱飞的装甲碎屑可能意外击中人员的牙齿或眼睛,而较大块的装甲碎片更容易对人的身体造成严重伤势。近卫坦克第3集团军一个摩托化步兵营的团支书纳塔利娅·尼基季奇娜·佩什科娃回忆道:"我特别同情坦克兵,他们面临着这样惨烈的死亡。如果一辆坦克被击毁,这也是经常发生的事情,几乎就意味着坦克乘员必死无疑——一两个人尚有可能成功逃出……最可怕的还是烧伤。当时占皮肤面积40%的烧伤是致命的。"当坦克被击毁并起火时,乘员必须依靠自己的反应速度、力量和灵活性。法金反思道:"大多数人敏捷又聪明。迟钝被动的坦克兵通常在前线活不长久。你的反应速度必须很快,才能生存下去。"而布留霍夫对此仍感到困惑:"当我们弃车时,什么都不想,就从炮塔滚到挡泥板上,然后落到地上——挡泥板大约有1.5米高——但我从未见过有人摔断腿或胳膊,或者受到一点擦伤!"

存活下来的坦克兵只在很短的时间内是"无马"的。在预备队待上几天后,他会得到一辆新的坦克,搭配陌生的车组,然后再次投入战斗。连长和营长的日子更难过。在一次进攻行动中,这名连长(或营长)会一直战斗,如果原先的座车因损坏无法作战或被摧毁,就转移到另一辆坦克上，哪怕部队只剩最后一辆坦克。

与敌军脱离接触后，乘员必须对他们的坦克进行维护，包括加油、重新装填弹药、检查机械、清洁坦克、为坦克挖掩体，并在必要时进行伪装。尽管车长有时会避免做最脏、最基础的工作——清洁主炮炮管或擦掉弹药上的油脂，但整个车组都必须参与这些工作，否则他们就无法完成任务。"我从没擦过炮弹，但我扛过弹药箱。"布尔采夫回忆道。但是，坦克掩体或掩体下的坑道必须由全体车组乘员共同挖掘。

在休息和为即将到来的战斗做准备期间，坦克成了乘员真正的家，但前者为他们提供住宿的舒适性非常有限。阿里亚表示："对乘员的关怀局限于最原始的事物。"的确，驾驶T-34是一个非常颠簸的过程。在驾驶和停车过程中，擦伤是不可避免的。只有坦克帽（老兵称之为头盔）才能保护乘员的头部免于严重受伤，没戴坦克帽就进坦克是不明智的。头盔还能在坦克起火时保护头部免受烧伤。相比之下，英国和美国坦克的舒适性赢得了苏联坦克兵的钦佩。"我看了一眼美国的M4A2'谢尔曼'坦克。天哪！里面就像宾馆一样！里面全是皮革衬里，你不会撞到头！还有急救包，里面有避孕套和磺胺粉——车里什么都有！"A.V.博德纳里如此评价，"但同时它们（即美制M4A2）也不适合战争。因为它们的两台柴油发动机、燃油滤清器和狭窄的履带——所有这些在俄罗斯都不耐用。"此外，阿里亚补充道："而且它们会像火炬一样燃烧。"唯一受到一些坦克手称赞的外国坦克是"瓦伦丁"坦克。热列兹诺夫回忆说："这是一款非常成功的坦克，造型低矮，火炮威力大，发动机噪音小。"

在防御阵地或战线后方进行补给时，坦克兵不仅要照顾好自己的车辆，还要处理自己穿衣和吃饭的事情。实施进攻期间，他们没有时间洗涤或更换衣服，甚至食物也是一天才送一次。布留霍夫回忆道："他们（后勤相关人员）会在晚上把第二天的早餐、午餐和晚餐一起送来。"根据克里沃夫的回忆,在持续九天的进攻行动中,他从未见到营炊事车。

在所有老兵看来,冬天是最难熬的,除了马里耶夫斯基——他认为天气多变、道路泥泞、雨雪交加的初春或深秋更糟。有时,你会通过老兵的话语形成这样的理解,他们似乎觉得夏天没有发生战争。显然,当老兵回忆起前线的艰苦生活时,他们的记忆总是与冬季有关。坦克在冬天会变成"真正的冰柜",坦克兵必须穿很多衣服,才能抵御坦克内部的寒冷。他们的身上穿着保暖内衣、防寒服、棉衣棉裤、羊皮上衣。当然,一种在所有战争中都无处不在的"伙伴"——虱子——也是存在的。不过,在这个问题上,老兵们的意见不一。有些人,比如法金和布尔采夫说:"我们没有发现虱子。乘员总是在和润滑油、燃料打交道,虱子受不了这种环境。"但其他老兵——事实上是绝大多数——持不同意见。"虱子狂得很,尤其是在冬天",布留霍夫说,他曾是布尔采夫的连长。"任何说坦克兵不会遇到虱子的人都是在胡说八道!这种人从来没在坦克里待过,也不是坦克手。坦克里有很多虱子!"这种矛盾在老兵的回忆中很常见,可能是他们服役的时期和个人经历有所不同造成的。但对于大多数坦克兵来说,对抗虫害的斗争从作战一开始就已经打响了。衣服会被放在自制的简易灭虱器中炙烤。这种灭虱器是一个密封的桶,里面倒上少量水,桶放在火上,里面的架子上挂着衣服。蒸汽浴室和洗衣房也会设置在前线,对衣物进行洗涤和消毒。尽管在前线服役的条件极其艰苦,但几乎所有老兵都回忆说,很少有人(在前线)生病。

坦克手的外表并不华丽,因为他们的衣服、脸和手都沾满了油污,以及排气管和爆炸产生的烟尘。不停地为他们的坦克挖掘掩体就更不可能让个人形象变得好看了。JSU-152自行火炮连连长尼古拉·康斯坦丁诺维奇·希什金大尉回忆说:"每次行动结束时,我们都穿着能够找到的任何衣服——平民便服和裤子,甚至是德国人的外套。你只能通过某人头上的坦克帽,确认他是一名苏联坦克兵。"士兵们只有在休息期间或重新编组时才能稍微进行一下个人清洁,但这样的喘息之机非常稀少。人们不得不习惯脏乱的环境。基里琴科说:"他们确实给我们配发了棉袄和毡靴。但你(待在坦克里)把所有这些东西都弄脏后,它们就用不了多久了,而且没有可以替换的作战服。很多时候,我们感觉自己就像穿着破烂衣服的流浪汉。"

总的来说,坦克手的生活条件与步兵并无太大区别。"冬天你会变得很脏,而且油腻腻的,你总是浑身长满疖子,你还会感冒,"布留霍夫解释道,"当我们挖战壕时,我们把坦克开过去,用防水布盖住战壕底部,在坦克底部挂一个炉子,烟囱布置在外面,这就是我们的住处。"马里耶夫斯基声称,整个战争期间,他没有一天睡在室内。

改善乘员生活条件的一个重要因素是一块简单又普通的防水布。几乎所有接受采访的老兵都说,没有防水布就无法在坦克里生活。他们晚上用它当毯子,或者用来为坦克挡雨。午餐时,它可以当桌子用,在冬天则被用来充当简易掩体的顶棚。当自己坦克上的防水布被吹进里海时,阿里亚不得不偷了一张船帆布来代替。根据Y.M.波利亚诺夫斯基的说法,帆布在冬天尤为重要:"我们有坦克炉——一个普通的烧木柴的炉子,它被安装在坦克后部。乘员在冬天必须找个地方住,因为我们不被允许待在村庄里。坦克里非常冷,只能躺两个人。所以我们花大力气挖了一条壕沟,把坦克开到壕沟上面,用帆布盖住(壕沟)仍然暴露在外的地方,再将帆布的边缘钉在地上。然后,我们会把炉子挂在坦克底部并点火。我们就是这样给壕沟增加温度和睡觉的。"

"战争期间我们在空闲时间都做了些什么?我们什么时候有过空闲时间呢?"法金回忆道。有些人写信寄回家,有些人像克里沃夫一样拍照。偶尔一些演艺人员会来前线,举行业余文艺表演,或者放映电影。但大多数坦克手都太疲惫了，做不了太多事情。通过与前线其他地方和整个国家所发生的事件保持联系，士气得到了提振。战争后半段时间里，新闻的主要来源是每辆坦克都携带的收音机。此外，坦克手们还会得到国家级、集团军级和师级的报纸。时政报告会也定期举行。与其他许多前线战士一样，接受采访的坦克手们清楚地记得伊利亚·爱伦堡的文章，这些文章激励着他们与德军作战。

许多受访老兵表示，他们憎恨德国人。热列兹诺夫回忆道："我们怎么对待德国人？当然是以一种很自然的方式对待——狠狠地揍他们一顿。我们恨透他们了。"与此同时，在许多人的回忆中也可以看到对敌人的尊重。"他们是优秀的士兵，"法金说，"但在前线，我只把他们当作目标。所以我只是向那些目标开火。"坦克手在战场上有许多机会向德国士兵复仇，并倾向于以厌恶的态度对待战俘。但他们认为，对平民进行报复是完全不合适的。然而，一些暴行还是发生了。正如克里沃夫所说："有些人的亲属被杀了，他们知道这件事，因为他们收到了信件。我们部队里有一个小伙子，他全家都被德国人杀害了。有一天他喝醉了。他身上带着一支冲锋枪，当一些德国战俘经过时，他向他们打了一梭子。我们给了他一耳光，并且问他：'你到底在干什么？'这样的事情发生过，我不否认。"也发生了强奸案："有些我们的人疯狂地寻找躲藏起来的德国妇女。我觉得这很恶心。"红军中有许多截然不同的人，因此对德国平民的态度也不可避免地各不相同。起初，对德国人的全面仇恨占上风，伴随着寻求复仇的愿望。这在那些经历过德国人占领或在战争中失去亲人的人中尤为明显。但红军最高统帅部下达的命令逐渐改变了他们的想法，他们开始怜悯德国平民。基里琴科说"俄罗斯人不记仇"，这表达了老兵们的普遍看法。

红军的一大特点是大量征召女性担任各种职务，从文书和电话接线员，到摩托化步兵营参谋长和坦克车长。据老兵们说，每个人都想在前线约会；但在大多数情况下，这是主官们的特权。马里耶夫斯基相信："我们缺少女人。我们的高级军官得到了她们所有人。"法金证实了他的话："长官们，我是说指挥官们，得到了所有女孩。当然本来就有女朋友的连长是例外。而排长或车长就不同了。对姑娘们来说，我们（指低级官兵）显然没么有趣。我们总是被杀死和烧死。"所有老兵都证实，旅部的军官都有"ППЖ"[即"战地行军妻子"，这是一个仿自"波波沙"冲锋枪之名（即"ППШ"）的谑称]。只有少数几个营长有"ППЖ"，而连长和排长从未有过，更别说车长了。布留霍夫是这样解释这种情况的："旅里有1200人，全是年轻人，但只有16个女孩，所有男人都想追求她们。一个女孩会找到喜欢的男人，他们会开始约会，然后一起生活。其他人都很嫉妒。"真正的爱情经常在前线诞生，然后以结婚誓言的形式正式缔结。当然，也有"随便"的女人，但布尔采夫回忆说："前线的大多数女性都是正经女人。如果（她们中的一个）爱上某人，她就只爱一个，而不是同时爱所有男人。女性在前线是必需的。她们执行的任务并不比男性的任务简单、轻松。我们旅里有许多女性，她们挽救了几十条甚至上百条生命。男人做不到这一点。"

战争爆发以来，许多坦克兵直到上前线才第一次吃饱饭。后方食物短缺，但前线的伙食供应没有大问题。热餐可能会延迟，但坦克手们总是能获得干粮。A.K.罗德金在战后仍然纳闷，这个饥饿的国家（在战时）是如何为军队提供了如此充足的食物的。美国制造的肉类罐头在士兵中颇受欢迎，他们把斯帕姆午餐肉视为美食。坦克兵总是想方设法在自己的坦克里备足食物，进攻作战期间，这将成为他们唯一的饮食来源。这些食物只能从战利品中得到补充。有一次，布尔采夫的部队俘获了一支运送食物的德军辎重队："香肠、罐头、奶酪——我们在坦克里塞满了这些东西。一周也吃不完！装子弹带的箱子里全都是黄油。我们没有去吃炊事车提供的午饭，因为它在进攻开展期间的供应情况很糟糕。相反，我们整整一个星期都在吃这些干粮。"老兵们还回忆起当地居民经常会赠送食物给他们，这在前线被戏称为"吃了奶奶的食物配给"。

军官们有额外的口粮，包括黄油、饼干、砂糖和糖果；但他们通常认为单独吃这些东西是不合适的，会与他们的乘员分享。法金回忆道："我们有军官口粮。我们每周领一次，或者相邻两次领取的时间间隔更久，我记不清了。军官口粮包括约300克糖果、一块美国斯帕姆午餐肉、一罐火腿和一些饼干。我会把这些东西都拿出来，放在我和乘员们共用的桌子上。"

酒也很常见。"整场战争都是靠'人民委员的100克伏特加'打下去的！"[①]博德纳里声称，"我们是这样，德国国防军也一样。没有'人民委员的100克伏特加'，你就无法在战争中生存。它能在战斗前刺激你，战斗后帮助你放松。"然而，有些坦克兵，比如法金和布留霍夫，一开始是不喝酒的，他们更愿意把酒留给自己的乘员；但绝大多数人还是会给自己来一杯前线生活中为数不多的奢侈品。"营里本来有32辆坦克，"马里耶夫斯基回忆道，"但在奥廖尔我们营只剩下4辆。30名乘员中已有20人不在，但我们仍然有30名乘员的口粮。战斗结束后，我们攻占了奥廖尔，大士来到我们身边，给我们送来了一整壶烈酒——足有20升。"战利品中也有很多酒。所有可用的容器都被用来装酒，就连油箱也不例外。酒有时会散发出柴油味，但这并不会让坦克手感到困扰。尼古拉·尼古拉耶维奇·库兹米切夫回忆了一次典型的对话："我们占领了罗兹的一家酿酒厂。伙计们说：

[①] 苏芬战争时期，苏联红军开始向参战官兵发放烈酒御寒。伟大卫国战争爆发后，斯大林签署的1941年8月22日国防委员会第562号绝密决议确定了向红军人员发放100克40度伏特加的做法。这份酒在官兵中有"人民委员的100克伏特加"之称。

'我们应该储备一些酒。放在哪里?水桶里?''不,我们两天内到不了柏林。那不够(每个桶可以装两升)!''那我们就得把酒倒进油箱里。''好,去吧。'但我们已经把燃油箱填满了!"尽管许多坦克手说他们一有机会就喝酒,但热列兹诺夫、波利亚诺夫斯基和马里耶夫斯基表示,他们总是会确保自己的乘员在战斗前保持清醒——比如马里耶夫斯基曾说:"上帝不允许有人在战斗前喝酒!有一次我差点开枪打死我的炮手万尼亚·佩乔尔斯基——他是个西伯利亚猎人,纪律方面有问题。醉酒上战场意味着必死无疑。"

坦克手们可以领工资,击毁敌方坦克还能获得奖金。但钱在前线毫无用处。弗拉基米尔·伊万诺维奇·亚罗舍夫斯基中尉讲述了他如何使用自己的工资:"那些有亲戚的人把所有钱都转交给自己的亲戚。但是我的家乡正处于敌军占领之中,所以我只是把钱转给了国防基金会。因此,我从未得到过一分钱,甚至没领过摧毁坦克的奖金。那些钱给了我,我也无处可放。"

战争确实帮助许多男孩实现了开坦克或驾驶歼击机的梦想,但是战争的血腥场面抹去了所有战前的幻想。战争让这些男孩付出了巨大的努力和牺牲。同伴的死亡,自己的伤口、污垢和疲劳成了日常生活的一部分,V.P.布留霍夫对此作了最好的总结:"只有年轻人才能忍受这一切。我相信是年轻人赢得了战争。"

第二章
"跟 T-34 作对的德国坦克就是垃圾"
阿列克谢·伊萨耶夫

"我击毁了5辆埋在战壕里的坦克。它们什么也做不了,因为它们都是三号坦克和四号坦克;而我开的是T-34,它的前装甲不是它们的炮弹能打穿的。"这是T-34车长亚历山大·瓦西里耶维奇·博德纳里对自己座车的评价,在二战中,给出同样评价的坦克手可不多。苏联的T-34之所以能成为传奇,一个重要原因就是那些坐在车里摆弄操纵杆和通过瞄准镜观察的人们对它有一种毫无保留的信任。通过这些坦克手的回忆,人们可以体会到著名的苏联军事理论家亚历山大·安德烈耶维奇·斯韦钦所表述的理念:"虽然在战争中物质的重要性不容忽视,但对物质的信心也能起到巨大的作用。"斯韦钦曾经在1914—1918年的世界大战中作为军官参战,目睹了重炮、飞机和装甲车辆在战场上的首次亮相,因此对自己谈论的问题有非常深刻的认识。如果军人对托付给自己的装备抱有信心,就会更加英勇坚定地去争取胜利。反过来讲,如果一种装备确实不够强力或者给人留下类似印象,那么人们对它就会缺乏信任,并随时准备抛弃它,失败也将接踵而至。就算T-34的美名中包含宣传需要、人们的盲目信任等因素,但它(这种美名)也绝不是无中生有。坦克手的信心来自那些使T-34与同时代其他战斗车辆相比显得不同寻常的设计特色,换言之就是该坦克的倾斜装甲和V-2柴油发动机。

对任何在学校学过几何学的人来说,以倾斜的方式布置装甲板来增强坦克防护的原理都是不言自明的。"T-34的装甲比'豹'式或'虎'式坦克薄,"坦克车长布尔采夫回忆说,"它(T-34的装甲)的厚度是45毫米左右。但因为它是倾斜的,所以它的水平等效厚度能达到90毫米左右,这增强了坦克的防护能力。"在坦克手们看来,通过应用几何原理,而不是简单粗暴地增加装甲厚度,T-34具备了其对手无法比拟的优势。"德国坦克上的装甲布置得很糟糕,因为这些装甲基本都是垂直的,"营长布留霍夫回忆说,"这肯定是个缺点。而我们的坦克采用了倾斜布置的装甲。"

上述这些论断既有理论依据,也在实践中得到了证明。口径50毫米以下的德国反坦克炮和坦克炮在大多数情况下都无法击穿T-34的装甲。更有甚者,尽管按照三角函数计算,身管倍径达到60的PAK-38式50毫米反坦克炮和三号坦克的50毫米主炮的钨芯弹应该能击穿T-34的前装甲;但实战中,这些炮弹仍无法给T-34的倾斜装甲板造成伤害,往往被弹飞。坦克生产人民委员部第48中央科研所在1942年9—10月对当时在莫斯科第1和第2修理所接受维修的T-34坦克的战伤进行了统计。上述统计发现这些坦克的首上装甲共中弹109次,其中89%没有造成任何效果,所有破坏性穿透都是75毫米或更大口径的火炮所造成的。当然,此时德国75毫米反坦克炮和坦克炮的出现,导致问题复杂了许多。这些火炮的75毫米炮弹并不会在装甲板上被弹飞,而是从1200米外就能击穿T-34的前装甲。德制高射炮的88毫米炮弹和空心装药破甲弹也不太在乎敌方坦克的装甲是否倾斜。不过,直到1943年7月库尔斯克战役爆发,50毫米炮在德国国防军中仍然占据很大比例。因此,人们对T-34的倾斜装甲所产生的信任在很大程度上仍是合理的。

在苏联坦克兵看来,只有英国坦克在装甲方面存在明显优于T-34的地方。如果炮弹打穿英国坦克的炮塔，车长和炮手仍有可能存活，因为这种情况下基本不会产生碎片。然而，据布留霍夫观察："在T-34里面（如果炮弹打穿坦克炮塔），装甲会分裂出许多碎片，乘员没多少机会活下来。"这是因为英国的"玛蒂尔达"坦克和"瓦伦丁"坦克采用了中硬度装甲，这种装甲里镍的含量非常高（3.0%～3.5%）；而苏联的45毫米厚高硬度装甲中只含1.0%～1.5%的镍，因而其韧性要低得多。

另一方面，T-34的乘员很少采取附加措施，来增强坦克的防护。阿纳托利·施韦比希中校曾是近卫坦克第12军的一名技术副旅长，据他回忆，直到柏林战役即将爆发，他们才在一些坦克上焊接了用"床垫网"制作的屏障，来防御"铁拳"火箭弹。在所有已知案例中，这样的防护措施都是维修所和坦克生产厂家的创新结果。同样的情况也出现在T-34坦克的涂装上。投入使用的坦克，基本上都保持着生产厂家交付时的状态，即内外都涂成纯绿色；只不过在冬季，各部队的技术副长（各级部队中负责技术领域的副连长/副营长/副团长等）会布置任务，把坦克涂成白色（但在1944—1945年冬季，战火烧进德国本土时，红军一反常态地没有这样做）。在受访老兵中，没有人见过T-34被涂上迷彩色。

柴油发动机是T-34的构造中另一个引人注目而且令人信心倍增的要素。大多数被训练为坦克驾驶员、机电员乃至车长的人在战前都摆弄过燃料，至少接触过汽油。根据自己的经验，他们非常清楚汽油有挥发性而且极易燃烧，一旦烧起来火势非常凶猛。很显然，设计T-34的工程师们曾用汽油做过试验。"与人争得不可开交时，设计师尼古拉·库切连科往往用一个不是特别科学但非常生动的例子来证明新型燃料的优点。他会拿着一个火把，将其伸向放在工厂后院的一个装有汽油的桶，油桶会立即喷出火焰。然后，他把同一个火把浸到一个装有柴油的桶里，此时（火把上的）火焰会像浸到水里一样熄灭……"

上述试验演示了坦克中弹后的情况,在这种情况下,燃油乃至坦克内部的燃油挥发气体都可能被点燃。因此,T-34的乘员们多少有点看不起敌人的坦克。基里琴科上士回忆说:"它们装的是汽油发动机,不是吗?那也是一个很大的缺点。"乘员们也用类似的眼光看待盟国通过《租借法案》提供的坦克(车长Y.M.波利亚诺夫斯基给出了这样的评价:"许多人因为坦克被炮弹击中就丢了性命。他们坦克的发动机是烧汽油的,装甲也不行。"),以及配备化油器发动机的苏制坦克和自行火炮(布留霍夫回忆道:"有一次一些SU-76自行火炮被分到我们营。它们配备的是汽油发动机——真是不折不扣的打火机……它们在头几次战斗中就被烧毁了。")。柴油发动机使乘员们坚信,自己死在烈焰中的概率比他们对手小得多,因为后者的坦克里装着几百升易于挥发和燃烧的汽油。

不过,现实中并没有多少证据,能证明库切连科用油桶得出的试验结果可以直接应用于坦克本身。因为相关统计表明,柴油动力的坦克其实在火灾风险方面并不比装着化油器发动机的坦克安全。1942年10月收集的数据证明,使用柴油动力的T-34甚至比使用航空汽油发动机的T-70更容易着火(起火率分别为23%和19%)。

1943年,位于莫斯科附近库宾卡的装甲坦克科学研究试验靶场[1]的工程师们就燃油起火概率,得出了与习惯性观点截然相反的结论:"德国人之所以在1942年生产的新型坦克上使用汽油发动机,可能……是因为柴油机坦克的起火比例很高,而且相比汽油机坦克并无任何显著优势,尤其是在后者设计得当而且配备可靠的自动灭火器的情况下。"

---

[1] 该机构在创立时名为"汽车装甲坦克科学试验场"(НИАБТ)。后于1947年才更名为"装甲坦克科学研究试验靶场"(НИИ БТ Полигон),后文将简称为"装坦科研试验场";作者可能是出于个人习惯,在写作时使用该种称呼。1972年,该机构再次更名为"装坦科研试验第38所"(38 НИИИ БТ)。

当工程师库切连科将火把伸向装满汽油的油桶时,其实他点燃的是汽油的挥发烟雾。在装着柴油的油桶上方没有易燃的烟雾,但这并不意味着使用强力得多的点火手段——炮弹轰击——也不会点燃柴油。正因如此,把油箱布置在战斗室里的T-34,在防火安全性上一点都不比它的对手强——汽油动力的坦克都把油箱布置在车体后部,中弹概率要小得多。上述结论也得到了布留霍夫的证实:"坦克会在什么时候着火?在油箱中弹的时候。但是油箱只有在装着不少油的时候,才可能着火。在战斗接近尾声时,油箱几乎是空的,这时也少有坦克着火。"

按照坦克手们的看法,相对于德国坦克,T-34发动机的另一个劣势是噪音太大。坦克车长A.K.罗德金说:"从容易着火的角度看,汽油发动机是很危险的;但如果换一个角度看,至少它很安静!T-34不但发动机很吵,它的履带也会叮当乱响。"T-34的排气管最初没有配备消音器。这意味着坦克的排气部分没有采取任何吸音措施,12缸发动机排出废气的声音震耳欲聋。罗德金还回忆说,因为排气管是朝下的,所以T-34行驶时会掀起漫天尘土。

T-34的柴油发动机和倾斜装甲使它明显区别于第二次世界大战中的其他所有战斗车辆。这些特点也给其乘员提供了充足的信心。这些走上战场的人对托付给他们的装备充满了自豪。这一点比倾斜装甲板的真正效果或柴油发动机的实际着火风险重要得多。

坦克是为了保护其乘员免受敌军机枪和火炮杀伤而发明出来的。坦克抵御火力打击的能力和反坦克炮的性能总是处于不稳定的平衡状态——随着火炮相关技术的不断进步,即使是最新式的坦克,在战场上也不能获得绝对的安全感。威力巨大的高射炮和军属火炮被用于反坦克,更使得这种平衡状态极其不稳定。因此,迟早会有一发炮弹成功穿透坦克装甲,把这个"铁盒子"变成人间地狱。

不过，设计出色的坦克即使被击中一次或多次，仍能通过给乘员提供逃生手段来证明自己的价值。位于T-34车体首上部位的驾驶员舱盖（这个设计在其他国家的坦克上并不多见），就是紧急情况下的救生通道。"舱盖的边缘是圆滑的，开关用起来很顺畅，爬进爬出一点也不困难，"驾驶员S.L.阿里亚回忆说，"而且，如果你从座位上站起来，基本上可以把腰部以上的身体都探出去。"T-34驾驶员舱盖的另一处价值在于，它不仅能全开或全闭，还能在上述两种状态之间以多个不同的角度固定。这是一个非常简单的设计。钢铸的沉重舱盖（60毫米厚）是由锯齿状的铰链所支撑，将卡销卡在各个锯齿凹口内，就能把舱盖牢牢固定住。因此，即使在崎岖不平的路面或战场上，它（卡销）也没有松脱的风险。驾驶员们都喜欢把舱盖稍微打开一点。比如连长阿尔卡季·瓦西里耶维奇·马里耶夫斯基就回忆说："驾驶员总是把他的舱盖打开一掌宽的高度，因为这样就能观察到一切。这样也能在车长舱盖打开的同时，让空气流通，使战斗室处于通风状态。"

一般来说，坦克手们认为驾驶员的位置是最好的。按照排长博德纳里的说法："驾驶员活下来的机会最大。他坐的位置很低，而且他面前有倾斜装甲。"基里琴科指出："通常情况下，车体的下半部分总会被凹凸不平的地形遮挡，因此很难中弹。但是上半部分高高在上，中弹次数也就最多。所以坐在炮塔里的人比坐在下面的人更容易死。"根据相关统计，在战争初期，坦克车体的中弹次数其实最多。根据前文提到的第48中央研究所有关报告，81%的弹着点在车体上，19%在炮塔上。但是，这些弹着点有过半未造成损害（未击穿或者未完全击穿）：首上部分89%的弹着点、首下部分66%的弹着点，以及车体侧面大约40%的弹着点都没有穿透。最后，在发动机舱和变速器舱上，也有42%的弹着点没有伤及乘员。与此形成对比的是，炮塔比较容易被击穿，因为构成它的铸造装甲较软，即使面对小口径高射炮连续发射的37毫米炮弹，防护效果也欠佳。更糟的是，T-34的炮塔经常受到88毫米高射炮之类的重炮和德国坦克的长身管75毫米及50毫米火炮打击。基里琴科提到的"地面起伏"，在欧洲战场上一般是一米左右。因为坦克车底离地高就有半米，所以只剩半米高度能够起遮挡作用，这相当于T-34车体高度的三分之一。换句话说，车体正面的大部分区域都得不到地形所提供的保护。

虽然所有受访老兵都认为驾驶员舱盖很方便，但他们也众口一词地抱怨了T-34早期型号的炮塔舱盖。这种舱盖因其外形特点，而被他们起了"皮洛卓克"（意为"馅饼"）的绰号。布留霍夫把炮塔舱盖说得很糟糕："它很笨重，很难开启。如果它卡住了，那就完了，没人能逃出来。"车长尼古拉·叶夫多基莫维奇·格卢霍夫也有同感："舱盖很大，非常不方便，非常笨重。"把并排坐着的两名乘员（炮手①和装填手）的两个出入舱盖合为一个，这在当时的坦克设计中很少见。这种设计出现在T-34上，不是出于战术考虑，而是出于技术考虑，也就是说（该设计）和这种坦克所安装的重型主炮有关。哈尔科夫坦克厂生产的T-34的前辈——BT-7坦克，其炮塔上就配备了两个舱盖，也就是说炮塔里的两名乘员每人使用一个。因为独特的外观，德国人给这种舱盖起了"米老鼠"的绰号。T-34继承了BT坦克的许多设计，但用76毫米炮取代了BT坦克的45毫米炮，而且把油箱放到了战斗室里。由于在修理油箱和炮架时，需要拆下主炮，坦克设计师便决定把两个舱盖合为一个。炮管本身是通过打开炮塔后部用螺栓固定的一个盖子抽出的，炮架则可以通过炮塔舱盖移出。固定在上支履带上方倾斜车体内的油箱，也可以通过这个舱盖取出。

所有这些麻烦都是向炮塔护盾倾斜的炮塔侧壁造成的。德国人拆卸坦

---

① 此处的"炮手"也是指"车长"（T-34-76坦克中，这两个职位通常由一人担任）。下文"就需要拆掉炮手和装填手两个舱盖之间的装甲板"中的"炮手"亦是如此。

克炮时,是把它连同护盾(德国坦克里的护盾几乎和炮塔一样宽)一起向前抽出。不过值得注意的是,T-34的设计师下了很大功夫,来确保坦克车组能够依靠自己的力量修理坦克。为了达到这个目的,就连炮塔侧面和后面用于轻武器射击的射击孔都进行了相应调整——可以卸下射击孔的塞子,在孔中安装一部小型的组合式起重机,从而为拆卸发动机和变速器提供帮助。

我们不应该认为设计师在设计这个大舱盖时,没有考虑乘员的需要。在战前的苏联,人们确实相信大舱盖有助于从坦克中抬出负伤的乘员。尽管如此,作战经验的积累和乘员的抱怨,还是促使A.A.莫洛佐夫领导的设计小组,在计划对T-34实施的一次改进中,改用两个炮塔舱盖的设计。绰号"螺母"的六角形炮塔也因为这两个圆形舱盖,而重获它的"米老鼠耳朵"。这种炮塔主要在1942年秋天以后,被安装在乌拉尔地区所制造的T-34上,生产厂家包括ChTZ(车里雅宾斯克拖拉机厂)、UZTM[位于斯维尔德洛夫斯克(今叶卡捷琳堡)的乌拉尔重型机械制造厂]或UVZ(位于下塔吉尔的乌拉尔汽车厂)。位于高尔基(今下诺夫哥罗德)的红色索尔莫沃厂则继续生产炮塔仅带有一个"馅饼"舱盖的坦克,直到1943年春季。如果想从带"螺母"炮塔的坦克上拆卸油箱,就需要拆掉炮手和装填手两个舱盖之间的装甲板。

为了避免自己在坦克中弹时手忙脚乱弄不开锁闩,坦克手们都不喜欢锁上舱盖,而是喜欢用裤带来系住它。"如果要参加进攻,我会盖上舱盖,但不会闩上,"A.V.博德纳里回忆说,"我会把裤带的一头钩在舱盖闩上,另一头缠在炮塔里托着炮弹的钩子上。这样一米,万一发生什么事,我用头一顶就能让裤带松脱,然后自己就能跳出去了。"在设有车长指挥塔的坦克上,车长们也使用了类似的技巧。"有一个双瓣锁闩,必须靠两个弹簧闩才能将其锁住,"布尔采夫回忆说,"即使是身强力壮的人,也要费很大力气才能将它打开,而伤员根本做不到。我们曾经把弹簧卸掉,让锁闩一直开着。我们基本上都会想方设法地让舱盖保持开启状态——这样比较容易跳出坦克。"

T-34的日常维护是全体乘员所参与的并不复杂但单调乏味的杂务，不过，一旦这种坦克开始行军或参加战斗，大部分责任都会落在其中两人的肩上。第一个人是车长，他除了在战场上指挥全车外，还要在早期型号的T-34上兼任炮手，正如布留霍夫所说："如果你是T-34-76的车长，那么你得自己开炮，自己用车内通话器发布命令，什么事都得自己干。"第二个人是驾驶员，车长和部队长们非常看重优秀的驾驶员/机械师。N.E.格卢霍夫说："有了一个经验丰富的驾驶员，那就成功了一半。"这条定律没有例外。"驾驶员/机械师格利高里·伊万诺维奇·克留科夫比我大十岁，"坦克车长格奥尔基·尼古拉耶维奇·克里沃夫回忆说，"他在战前当过汽车司机，已经在列宁格勒附近参加过战斗，曾经负过伤。他对坦克了解得很透彻。我们在头几次战斗中能活下来都是他的功劳。"

T-34的驾驶员/机械师之所以有这样的特殊地位，是因为这种车辆的操作比较复杂，人员的经验和体力缺一不可。这在战争前半段时间里服役的T-34上表现得尤其突出，因为这些T-34还没有配备带永久啮合齿轮的改进型变速器。使用早期的四速变速器换挡的过程非常复杂，需要耗费许多体力。马里耶夫斯基回忆说："用一只手扳动换挡杆是不可能的，我不得不使用膝盖借力。"安装新的变速器后，改变齿轮传动比不是像过去那样移动齿轮，而是靠移动小型凸轮连杆来完成，这些凸轮连杆通过凹槽沿轴运动，并且与一对齿轮咬合。完善变速器的下一步，是在变速器中增加同步装置。这些装置在换挡时，可使凸轮连杆和齿轮保持相同的速度。德国三号和四号坦克的"迈巴赫"变速器堪称带有同步装置的变速器的典范。捷克造的坦克和英国"玛蒂尔达"坦克上所谓的"行星"变速器则更为出色。难怪国防人民委员S.K.铁木辛哥要在1940年11月6日给国防人民委员部的信中专门提到:"各工厂必须做好相应准备,为T-34和KV坦克设计并大规模生产'行星'变速器。这种变速器将有助于提升坦克的速度和驾控性能。"但是,这个任务直到战争爆发都没有完成。在战争头些年,T-34(整辆坦克)一直被极其原始的变速器拖累。驾驶员要想驾驭这些装着四速变速器的早期T-34,就必须接受非常完善的训练。"如果驾驶员训练得不够好,那么他想换一挡时可能会换到四挡,或者想换二挡时可能会换到三挡,而这可能导致变速器罢工,"博德纳里回忆说,"他必须把换挡技术练到随心所欲的地步,确保闭着眼睛也能正确换挡。"

除了换挡困难之外,四速变速器还有着脆弱和不可靠的缺点,经常发生故障。工程师们在库宾卡的装坦科研试验场对国产、缴获和租借装备进行测试后,在报告中把早期T-34的变速器贬得一文不值:"国产坦克(尤其是T-34和KV)的变速器不能充分满足现代战斗车辆的需要,不如盟军坦克和敌军坦克,我国在坦克制造水平上至少落后了好几年。"国防委员会根据这些测试结果和关于T-34缺陷的其他报告,在1942年6月5日下发了"关于改善坦克质量"的决议。因此,到了1943年年初,183厂(从哈尔科夫搬迁到乌拉尔地区的一家工厂)的制造部门已经设计出一种配有永久啮合齿轮的五速变速器,未来它将得到在T-34上战斗的坦克手们的交口称赞。永久啮合齿轮和增加的一级速度挡位,大大简化了T-34的驾驶,使驾驶员再也不需要依靠机电员的帮助即可实现换挡。

T-34的变速器中另一个极其考验驾驶员技术的元件是主摩擦离合器,它是连接变速器和发动机的部分。在负伤后训练过T-34驾驶员的博德纳里报告说:"许多事情取决于主摩擦离合器在惰力运转和断离、接合方面调校得有多好,以及驾驶员在起步时对离合器的运用有多出色。踏板行程的最后三分之一必须慢慢松开,绝不能猛地一下松开。如果突然松开踏板,坦克就会打滑,摩擦离合器会被压弯。"T-34的干式主摩擦合器的主要部分是8个主动盘和10个从动盘组成的套件（在后来有所改进的五速变速器上，变为11个主动盘和11个从动盘）。它们是被弹簧压在一起的。如果对主摩擦离合器的断离、接合操作不当，这些摩擦盘会互相剧烈摩擦，引起过热和压弯，最终可能导致故障（这种现象被称为"摩擦片烧结"）。相比之下，在与T-34同时代的德国坦克中，主摩擦离合器的摩擦盘是漂浮在机油上的，这使得摩擦元件能够快速冷却，也让摩擦离合器的开关操作轻松了不少。

为主摩擦离合器的控制踏板配备的伺服机构是根据战争初期的作战经验而设计的，它使上述问题得到了一定的改善。虽然被冠以"伺服"之名（这听起来有点高深），但这套机构的设计其实相当简单。摩擦离合器踏板与一根弹簧相连，在踩下踏板的过程中，如果经过了弹簧的死点，弹簧就会改变应力方向。在刚开始踩下踏板时，弹簧会抵抗压力。然后，到了某一点，它反而会开始提供助力，起到将踏板向下拉的作用。在实现这个虽简单但必不可少的有关变速器的改良之前，驾驶员承受的压力是非常可怕的。基里琴科曾回忆说："驾驶员在长途行军中，体重会减少两到三公斤。他会筋疲力尽。当然了，驾驶坦克确实非常难。"

随着战争一天天持续，除了变速器的改进外，T-34的设计中还出现了另一些进步。前文提到的装坦科研试验场报告中就提出了下列意见："由于反坦克武器威力的不断增强，优良的机动性对坦克生存能力的贡献已经不亚于厚重的装甲。将良好的装甲防护与机动速度相结合，才是在反坦克火力面前保护现代战斗车辆的主要手段。"T-34最初拥有的装甲防护优势在战争末期已经消失，但在车辆性能上的改良又弥补了相应损失。这种坦克无论在公路上，还是在战场上，都能跑得更快，也能做出更好的机动动作。在一直被乘员所信赖的两大优点（倾斜装甲和柴油发动机）之外，T-34又获得了第三个优点——速度。在战争末期使用T-34-

85坦克作战的A.K.罗德金曾这样总结:"在坦克兵中间曾流传着一句谚语'装甲很垃圾,但我们的坦克更快'(化用自战前苏联的一句自吹自擂的流行歌词'装甲很坚固,而且我们的坦克更快')。速度是我们的优势。德国人有汽油发动机,但他们坦克的速度并不是很快。"

T-34的76.2毫米主炮的主要用途是"摧毁敌人的坦克和其他机械化装备"。受访老兵们一致认为,德国坦克是他们最主要也最可怕的对手。在战争早期,T-34的乘员会充满自信地迎击任何德国坦克,因为他们认为苏联坦克强大的火炮和坚固的装甲能够确保胜利,这种想法是完全正确的。但是,随着德国五号"豹"式坦克和六号"虎"式坦克的到来,双方的装备对比发生了逆转。这两种拥有长身管火炮的德制坦克在战斗中根本不用花心思隐蔽。比如排长尼古拉·雅科夫列维奇·热列兹诺夫回忆说:"因为我们的76毫米炮在500米外打不穿他们坦克的装甲,所以他们就大模大样地在开阔地里战斗。"在这样的对决中,哪怕使用76毫米钨芯弹也无法获得任何优势,因为它们只能在500米距离上击穿90毫米厚的装甲,而"虎"式坦克的前装甲厚度达102毫米。给T-34换装85毫米主炮的措施立刻改变了这种情况,苏联坦克因此能在超过1公里的距离上与"豹"式和"虎"式战斗,与更老旧的四号坦克的交战距离更是达到了1200~1300米。相应战例可在1944年夏天的桑多梅日登陆场找到。第一批装备85毫米主炮的T-34在1944年1月驶下"红色索尔莫沃"112厂的生产线,而配备ZIS-S-53型主炮的T-34-85则是在1944年3月开始大规模生产,当时这种新式坦克是由战争期间苏联首屈一指的坦克制造厂——位于下塔吉尔的183厂制造的。值得一提的是,85毫米炮的投产速度不仅很快,坦克兵们也认为它非常可靠,并没有提出什么批评意见。

T-34主炮的瞄准是手动进行的,但炮塔从一开始就配有电动机。尽管如此,坦克兵们还是喜欢在战斗中手动旋转炮塔。"如果你既要操作炮塔旋转手柄，又要操作火炮瞄准手柄，你的两只手就得交叉起来，"G. N.克里沃夫回忆说，"你可以使用电动机旋转炮塔，然而在战斗中往往会忘了这茬。反正用手动摇柄也能转。"这个问题其实很好解释。在克里沃夫所说的T-34-85上，炮塔旋转手柄也兼任电动机手柄。要从手动驱动切换到电动驱动，就必须先设定炮塔旋转模式，在垂直方向上来回扳动这个手柄，才能使炮塔朝正确的方向旋转。但是人们在激烈的战斗过程中很容易忘记这一点，于是上述手柄基本上就被当作手动摇柄使用了。

坦克换装85毫米炮给乘员带来的唯一不便是，他们必须在崎岖的路面或战场上盯紧长长的炮管，防止它插进地里。"T-34-85的炮管有四米多长，"A.K.罗德金指出（确切地说，1944型的炮管长度是4.645米），"坦克哪怕碰到一条很小的沟，都可能把它（炮管）插进地里。如果你在那之后开炮，炮管末端就会像花瓣一样绽开。"

虽然T-34最主要的作战对象是敌方坦克，但它在对付敌炮兵和步兵时也堪称利器。据本章所涉及的大多数坦克兵回忆，他们最多只击毁了几辆装甲车辆，但他们用主炮和机枪击毙的敌军步兵却能达到几十人乃至几百人。T-34携带的弹药主要是杀伤爆破弹。在1942—1944年，一辆带有"螺母"炮塔的T-34的备弹数是100发，其中75发是杀伤榴弹，25发是穿甲弹（从1943年起，其中会包括4发钨芯弹）；它们被存放在炮塔内部的弹药架上和战斗室地板上的炮弹箱里。一辆T-34-85的备弹数是36发杀伤榴弹、14发普通穿甲弹和5发钨芯弹。穿甲弹和杀伤榴弹的配比在很大程度上反映了T-34在攻击过程中进行作战的条件。在枪林弹雨的战场上，乘员们大多数情况下都没有多少时间用于瞄准，只能在运动中射击或者短停射击，从而指望靠大量的火力压制敌人，或者靠一连串炮弹击中对方。"以前参加过战斗的老家伙们对我们说：'千万别停下，要边跑边射。不管炮弹飞向哪里，天上也好，地下也好，你们一定要一边射击一边拼命冲。'"克里沃夫回忆说,"你问我在第一次战斗中打了几炮?我射了又射,把半个基数的炮弹都打光了。"

现实经常能提供你通过条例和手册永远无法学到的诀窍。根据布留霍夫的记录,使用炮尾关闭时发出的"叮当"声作为内部通信手段,就是个典型的例子:"如果车组配合默契,且驾驶员得力,他(驾驶员本人)就能根据炮闩的'叮当'声判断炮弹上膛了。"T-34的火炮配备了半自动的炮闩开闭机构。炮身在射击时会出现后坐现象,而复进机在获得能量后,会使其回到原来的位置。在出现后坐现象前,炮闩杆会撞到炮架上的一个凸轮,然后闩体会下降,退壳凸耳将空炮弹壳推出炮尾。接着,装填手会将另一发炮弹送入炮膛,这发炮弹又会撞开顶住退壳凸耳的炮闩闩体。沉重的炮闩将在强大的弹簧压力下回到原来的位置,从而发出尖锐的响声,这声音足以盖过发动机的轰鸣、履带的铿锵和战斗时的杂音。听到炮闩闭合的响声后,驾驶员就会注意等待命令("短停!");一听到命令,他就会立即找一片足够平坦的地面短停,让炮手瞄准射击。

火炮瞄准镜准星所指向的目标不一定值得用主炮打击。T-34-76的车长或者T-34-85的炮手会使用并列机枪,对付暴露在外的步兵。安装在车体前部的机枪(即航向机枪)只有在短兵相接时,才能有效发挥作用,也就是失去机动能力的坦克被带着手榴弹和燃烧瓶的敌方步兵包围时。"这是一种近战武器,"布留霍夫说,"用在坦克被打坏停下来的时候。这时德国人会逼近,然后你就可以(操作航向机枪)把他们一片片地撂倒。"事实上,在行进时是不可能用航向机枪射击的,因为它的瞄准镜所提供的观察视野非常差,很难瞄准目标。"实际上我根本没有瞄准镜,"基里琴科说,"我只能靠一个小洞观察,可通过它什么都看不见。"航向机枪发挥最大效力的时候,是它从球座上被拆下来以后。把它搬出坦克,架在两脚架上,乘员就能得到一件极其有效的单兵武器。

T-34-85的炮塔中，电台被安装在了车长身边。按理说，这应该会使机枪手/机电员成为最无用的乘员（"甩手乘员"），更何况T-34-85的机枪弹药配额与早期型号相比少了一半，只剩31个弹盘。但事实是，在战争快要结束的阶段，由于德国步兵装备了"铁拳"火箭筒，坦克上的航向机枪手就很有必要保留了。罗德金这样描述过航向机枪手："到了战争末期，他变得必不可少，他所发挥的作用就是在'铁拳兵'的威胁下保护我们。"罗德金口中的"铁拳兵"就是装备了"铁拳"火箭筒的敌方步兵。"（所获得的）视野不佳没关系，他有时可以得到驾驶员的提醒。只要愿意找，他还是能发现敌人的。"

原先位于驾驶室的电台移到炮塔后，（前一处地方）腾出来的空间被用于存放弹药。T-34-85上的DT机枪的大部分弹盘（31个弹盘中的21个）都被放在驾驶室里航向机枪手的身边，因为他已经成为机枪弹药的主要消耗者。

总的来说，"铁拳"的出现增强了T-34所配备的轻武器发挥的作用。甚至通过打开的舱盖，用枪射击火箭筒手也成了一种常见做法。车组乘员的制式单兵武器是TT手枪、左轮手枪和一支"波波沙"冲锋枪。这支冲锋枪是供乘员们离开坦克以后使用的，此外在巷战中也可以使用，因为坦克主炮和并列机枪有时无法打击目标（即使达到了最大仰角）。

随着德国反坦克炮性能的不断优化，视野对于苏联坦克的生存能力而言，显得越来越重要。最初的T-34装有供驾驶员和炮塔乘员使用的潜望镜。这些潜望镜包含一些以不同高度装在镜筒中且彼此形成一定角度的镜面，这些镜面的制作材料不是玻璃（玻璃可能在炮弹冲击波的影响下碎裂），而是经过抛光处理的钢铁。当然，不难想象的是，这样的潜望镜不可能提供太好的成像质量。与之类似的潜望镜（安装在炮塔四周）是车长观察战场的主要手段之一。上文提到的S.K.铁木辛哥在1940年11月6日的信件中曾要求"把驾驶员和机电员的观瞄设备换成更新的型号"，但在战争第一年，坦克上安装的仍是钢制反射式潜望镜。后来,上述镜面被换成棱镜式观察设备,也就是说潜望镜里安装了一块玻璃棱镜。尽管如此,为了更好地了解战场情况,T-34的驾驶员们往往还是被迫打开舱盖作战。"驾驶员舱盖上的三联潜望镜让人忍无可忍,"S.L.阿里亚回忆说,"它们是用丑陋的黄色或绿色有机玻璃制作的,提供的是完全扭曲且失真的画面。靠这样的潜望镜根本不可能分辨出任何东西,更何况我们坐在像兔子一样蹦蹦跳跳的坦克里。这就是为什么我们在战斗时,要把舱盖打开至一掌的高度。"A.V.马里耶夫斯基也有同感,他还补充说,驾驶员的三联潜望镜很容易沾上泥浆。

1942年秋天,在分析T-34装甲所受损伤后,第48中央研究所在报告中得出下列结论:"T-34坦克的致命伤大比例集中在侧面,而不是前方(接受检查的坦克车体共中弹432处,其中270处是在侧面),原因可能是乘员对坦克装甲防护的技术特点不够熟悉;或者坦克的观瞄能力低下,乘员无法发现敌方炮位,并调整坦克所处位置,使其被击穿概率降至最低。必须让坦克乘员更加熟悉其装备在装甲防护上的技术特点,并为他们提供更好的观瞄能力。"

提升观瞄能力的任务是分几步完成的。抛光钢制反射镜从车长和装填手的观瞄设备中消失,而炮塔肩部的潜望镜被装有玻璃的观察缝取代,以增强对炮弹碎片的防护。这些改进发生在1942年秋季,过渡到"螺母"炮塔的过程中。新的设备允许坦克乘员进行全向观察,比如布留霍夫回忆说:"驾驶员从左到右观察,车长要尽量观察四周,而机电员和装填手主要观察右边。"这种安排使车组能发现任何方向上的危险,从而实施相应的射击或机动。

为车长提供优良观察手段的过程费时最长。(苏德)战争爆发后近两年时间里,在T-34上增设车长指挥塔的任务仍未完成。直到1943年夏天,经过旷日持久的试验,设计人员才在"螺母"炮塔里找到为车长安装指挥塔的空间。此时车长仍需要充当炮手，但他可以抬起头来，好好观察四周。提供全向观察的机会是指挥塔的主要优点。按照A.V.博德纳里的回忆："车长指挥塔可以旋转，而车长在不需要忙着开炮的时候可以观察一切、指挥射击并与其他乘员保持联络。"说得更准确一点，进行旋转的不是指挥塔本身，而是装有潜望镜的塔顶。在此之前的1941—1942年，除炮塔肩部的一块"镜子"外，车长只有一具固定的潜望镜，其正式名称是"周视瞄准镜"。这种瞄准镜只能通过调整倍率，给车长提供十分有限的战场视野。在装备ZIS-S-53型主炮的T-34-85上，车长不再需要承担炮手的职责。除了带有周视观察槽的车长指挥塔外，车长们还得到了供他们专用的棱镜潜望镜。这具潜望镜可以在舱盖中旋转，使他甚至能观察后方的情况。不过，据热列兹诺夫回忆，他不使用车长指挥塔："我总是开着我的舱盖，因为那些关着舱盖的人都被烧死了。他们来不及跳车。"

  所有受访坦克兵都对德国坦克的瞄准镜加以肯定。V.P.布留霍夫的回忆很典型："我们总是注意到蔡斯光学瞄准镜的高质量。德国人直到战争结束都保持着这种高质量。我们没有那样的东西。这些（德制）瞄准镜比我们的东西方便很多。我们的准星是一个三角形，左、右两边有一些刻度线。他们的瞄准镜甚至能校正风偏、距离等。"事实上，德国和苏联制造的望远瞄准镜在提供的信息方面并无太大差异。(两国的)炮手可以看见准星和用于角速度校正的"栅栏"刻度，而且苏联和德国的瞄准镜都有距离校正功能，只不过方式不一样。德国炮手是在排成弧形的距离刻度上转动指针，每种炮弹都有自己的刻度范围。苏联坦克的制造者在20世纪30年代也是这么干的——安装三座炮塔的T-28坦克就采用了类似设计——但在T-34上，乘员是通过在垂直的距离刻度表上移动一条炮瞄线来设定距离的。因此，苏联和德国的瞄准镜并没有功能上的差距——真正的差距体现在光学元件的质量上。在1942年，由于伊久姆光学玻璃厂搬迁，苏联瞄准镜的光学元件质量曾出现严重下滑。瞄准镜与炮管的随动方式，可能也是T-34早期型号上望远瞄准镜的严重缺陷之一。由于瞄准镜的目镜会跟随火炮运动，坦克手在调整火炮垂直方向时，也不得不让自己的眼睛跟着上下移动。后来，苏联方面才引进了德国坦克上典型的铰接式瞄准镜。

T-34观瞄设备存在的缺陷，要求驾驶员保持舱盖敞开。而这样一来，位于操纵杆后面的乘员又不得不忍受发动机排气扇吸进来的刺骨寒风。如此艰苦的操作环境是苏制战斗车辆遭人诟病的典型原因。"可以认为乘员所处环境不够舒适是一个缺陷，"S.L.阿里亚回忆说，"我曾经爬进美国和英国造的坦克。它们的乘员是在比较舒服的环境里工作的。坦克内部被漆成浅色，座椅是半硬式的，还带有扶手。T-34里面根本没有那样的设计。"在T-34的炮塔里，乘员座椅是没有扶手的，只有驾驶员和机电员的座椅设有扶手。不过公平地说，座椅扶手只是美国装甲车辆的特色——英国坦克和德国坦克的炮塔座椅也没有扶手（"虎"式坦克是个例外）。

不过也有一些设计缺陷是不可否认的。20世纪40年代的坦克设计师遇到的棘手问题之一就是火炮产生的烟雾会在战斗室里积聚。每次射击完成后，为了弹出空弹壳，都需要打开炮闩，而炮管和废弹壳中的烟雾就会在此时涌入战斗室。"我会喊'装穿甲弹，装杀伤榴弹'，"布留霍夫回忆说，"然后回头一看，我发现装填手已经躺在炮弹箱上不省人事。他是被烟熏得昏过去了。在激烈的战斗中，很少有人能坚持到最后。"

为了排出发射药产生的烟雾，在战斗室里实现通风，设计团队不得不在坦克上安装电动排气扇。T-34的早期型号沿用了BT坦克装在炮塔前部的风扇。这种风扇适用于（BT坦克）安装45毫米炮的炮塔，因为它的位置刚好在炮闩上方。但是在T-34炮塔中，风扇并不在冒烟的炮闩上方，而是在炮管上方。这样一来，它能起到的作用就很让人怀疑。另外，在1942年零部件短缺问题达到最高峰时，甚至连这个风扇都不会安装，从工厂里开出来的T-34炮塔上,你只能看到空空荡荡的通风罩。在坦克接受改良的过程中,随着"螺母"炮塔的出现,这个风扇也被移到炮塔后部、更接近烟雾集中的区域。T-34-85坦克的炮塔后部则装有两个风扇,因为该坦克换上了更大口径的主炮,对战斗室通风的需求也更大。不过这些通风装置在战斗激烈时并不能帮上多少忙。为了保护乘员,借助压缩空气,通过炮管排出发射药烟雾的方法(和"豹"式坦克采用的方法一样)能解决部分问题,但这无法解决空弹壳的问题——它们被弹进战斗室后,也会散发出有毒的烟雾。因此,有经验的坦克兵建议通过装填手舱口,立刻把空弹壳扔出去。不过,上述问题直到战后才得以根治——在坦克上安装炮膛抽烟装置,每次射击后不等炮闩打开,烟雾就会被排出炮管。

T-34坦克在很多方面采用了革命性的设计,但和所有过渡型号一样,它在创新之余也沿用了一些过时的技术。在乘员中编入机枪手/机电员就是一个技术妥协的例子。这个乘员坐在航向机枪后面,主要任务就是操作坦克的无线电台。在早期型号的T-34里,电台被安装在驾驶员右侧,正好位于机电员旁边。安排一个乘员专门调节和维护电台,是车载通信系统在战争前半段时间里存在重大缺陷所导致的。这倒不是因为需要有人操作发报机,T-34上安装的苏制无线电设备没有发报模式,不能发送摩尔斯电码。设置机电员仅仅是因为车长在履行其他职责之余,根本没空对电台进行维护。"电台很不可靠,"布留霍夫说,"机电员是摆弄电台的专家,而指挥员(即车长)就没那么在行了。另外,如果装甲被击中,电台性能也很可能因为电子管破裂而变差。"专门安排一个乘员操作收发两用电台的做法,在参加第二次世界大战的其他各国军队中也很普遍。比如法国"索玛"S-35坦克的车长要兼顾指挥、装填和开炮等工作,但这种坦克里照样设有一个连机枪都不必管的机电员。

在战争早期,T-34配备的是收发两用的71-TK-3电台,但并非所有

T-34上都有这种设备。德国坦克也是如此,通常只有排长和更高级别指挥官的坦克里才配备电台。根据1941年2月的条例,一个德国轻型坦克连应该有3辆二号坦克和5辆三号坦克安装Fu.5收发两用电台;同时,有2辆二号坦克和12辆三号坦克只配备Fu.2接收机。在中型坦克连里,有5辆四号坦克和3辆二号坦克装有收发两用电台,另外2辆二号坦克和9辆四号坦克只有接收机。除了特制的指挥车外,一号坦克全都没有Fu.5收发两用电台。苏联红军遵循基本类似的"无线电"坦克和"战斗"坦克相搭配的理念。"战斗"坦克的乘员必须注意观察其分队指挥员的机动,或者根据旗语命令来作战。在"战斗"坦克里,给电台留出的空间被用于存放DT机枪的弹盘。因此每辆"战斗"坦克里有77个63发弹盘,而"无线电"坦克里只有46个弹盘。截至1941年6月1日,红军共有671辆"战斗"T-34、221辆"无线电"T-34。

但T-34的通信系统在1941—1942年间的主要问题并不是电台的数量,而是质量。71-TK-3的功能十分有限。"它在行军中的工作距离只有6公里左右"——这是基里琴科的说法,其他坦克兵也表达了类似意见。"71-TK-3是一种复杂而且性能不稳定的收发两用电台,"博德纳里说,"它经常出故障,而且很难修好。"尽管如此,因为能让车组乘员收听来自莫斯科的广播,所以这种电台的缺陷也在一定程度上得到了弥补。

电台的状况在1941年8月到1942年年中苏联无线电设备制造厂搬迁期间严重恶化,当时坦克用无线电台的生产几乎陷入停顿。但是在搬迁的工厂恢复生产以后,给所有坦克配备电台成了标准做法。T-34得到了以RSI-4机载电台为基础设计的新型设备—— 9R电台和后来的升级版本9RS及9RM。因为采用石英频率发生器,9R电台的可靠性大大提升。该电台的原产地是英国,苏联在很长一段时间里使用根据《租借法案》获得的元件生产它。T-34的电台位置也从驾驶室搬到了战斗室,具体是在(T-34-85)坦克炮塔的左侧,可供已经不再承担开炮职责的车长操作。

尽管如此,"战斗"坦克和"无线电"坦克的概念却被保留了下来。

每辆坦克还配有车内通话系统,但在早期型号的T-34上,该系统的可靠性很低,车长与驾驶员的主要沟通手段仍是前者用靴子踩后者的肩膀。"车内通话系统的性能很差,"S.L.阿里亚证实了这点,"这就是为什么我们用脚来传达信号,也就是车长会用长筒靴踩我的肩膀。他会踩我的左肩或右肩,然后我就相应地左转或右转。"车长和装填手能够互相对话,但多数时候他们会使用手势来交流。"如果我把拳头伸到装填手的鼻子下面,他就知道应该装穿甲弹,"一位车长回忆说,"如果是张开五指的巴掌,那就表示装杀伤榴弹。"

后期T-34上安装的TPU-3 Bis型车内对讲器则要好许多。热列兹诺夫说:"T-34-76上的车内通话系统性能平平,我们只好用靴子和手势下命令,不过T-34-85上的(同类设备)就好用得很。"因此,车长开始通过车内对讲器与驾驶员交流,更何况此时前者再也不能用脚踩后者的肩膀了——在车长和驾驶员之间,还设置了一个炮手。

耐人寻味的是,和对变速器的评价不同,苏联乘员认为T-34的发动机还算可靠,尽管他们也从不避讳各种问题。布尔采夫认为它极其可靠,但也认为在开始长途行军前,最好对发动机进行彻底检查。驾驶过程中,需要注意和主摩擦离合器安装在一起的大风扇;如果驾驶员犯错,风扇就有可能因受损而罢工。对于新接收的每辆坦克,乘员在使用初期都要根据其独特"脾性"进行适应。热列兹诺夫回忆说:"每辆坦克、每门坦克炮、每部发动机都有自己独一无二的个性。想要事先了解这些个性是不可能的,只有通过日常使用逐渐发现。所以说,我们最后是开着自己不熟悉的坦克上前线的。车长不知道自己的炮准头如何,驾驶员不知道自己的柴油机能做什么、不能做什么。当然,他们在工厂里已经调校过火炮,进行了50公里的试车,只是那样做根本不够。很显然,我们必须在战斗前利用一切机会，更多地了解我们的装备。"

在整套动力装置中，空气滤清器的问题最为严重，这让许多坦克兵非常不满。1941—1942年，T-34所安装老式滤清器的性能不是很好，甚至会妨碍发动机正常运转，导致V-2柴油机快速磨损。"老式的空气滤清器效率不高，在发动机舱里占用了很大空间，还有一个很大的涡轮，"博德纳里回忆说，"即使路面上尘土不多，也需要经常清洗滤清器。"罗德金则表示："如果按照厂家的说明清洗空气滤清器，那么发动机会工作得很好。但是在作战期间，很难把所有工作都做到位。如果滤清器不能很好地过滤空气，机油没有按时更换，滤网没有清洗，尘土进到发动机里，那么发动机就会快速磨损。"这些早期的滤清器后来都被"旋风"所取代，博德纳里认为后者"非常好"。这种"旋风"滤清器允许坦克在没有时间接受维护的情况下，也能完整经历一场战役，而不会出现发动机方面的故障。

在发动机中，坦克兵们最满意的是双重点火系统。除传统的电启动器外，T-34还配备有两个10升的压缩空气瓶。如果电启动器失灵（这是战斗中坦克被炮弹击中后常有的事），可以用这两瓶压缩空气来启动发动机。

履带是T-34上最容易损坏的部件，就连上战场时也需要带着备用履带。A.V.马里耶夫斯基回忆说："即使没有被子弹或炮弹击中，履带也会散架。如果泥土堵在负重轮之间，那么履带就会受到很大的应力，尤其是在转弯的时候，履带销和履带本身都会支撑不住。"履带也是严重的噪声源，据罗德金解释："T-34不仅是发动机会发出轰鸣，它的履带也会'叮当'乱响。如果一辆T-34开近，你首先会听到履带的声音，然后才是发动机的声音。问题在于，履带上的凸齿本应精确地嵌入主动轮上滚轴之间的缝隙，然后被旋转的滚轴夹住。可如果履带曾经承受过很大的拉力，而且已经磨损，那么履带齿的间距就会加大，这导致履带齿撞在滚轴上形成一种特有的声音。"此外，战时原料短缺导致负重轮缺少橡胶外胎，这也增加了坦克的噪声。"很遗憾,我们从斯大林格勒拖拉机厂领到的T-34,它的负重轮上没有橡胶,"博德纳里说,"它们(负重轮)发出的'隆隆'声真可怕。"

斯大林格勒方面生产的坦克用内置减震器的负重轮代替了胶胎。这种负重轮有时被称作"蒸汽火车头"轮,第一批是由斯大林格勒工厂生产,且时间远早在橡胶供应出现严重停顿之前。原来,1941年秋季的霜冻期来得特别早,装有雅罗斯拉夫尔轮胎厂生产的负重轮的驳船因为河面封冻无法成行。因此,斯大林格勒工厂的工程师们设计了一种实心铸造的负重轮,负重轮内部靠近中心的位置设有一个小型的减震环。当橡胶供应陷入停顿时,其他工厂也采纳了这种做法。在1941—1942年的冬季到1943年秋季这段时间里生产的大多数T-34的行走结构,都采用了带内置减震器的负重轮。1943年秋天以后,橡胶的短缺宣告结束,T-34重新换上了带橡胶胎的负重轮。所有T-34-85坦克都配备了带橡胶胎的负重轮。这减轻了坦克发出的噪声,也略微提升了乘员的舒适度。

随着战争的持续,T-34扮演的角色也在逐渐变化。战争刚开始时,T-34虽然有坚固的装甲,但因变速器存在瑕疵,无法进行长途行军;更多情况下,它只能充当一款理想的直接支援步兵的坦克。随着时间的推移,它在战争初期的装甲优势逐步消失,到1943年年底或1944年年初,T-34已经成为比较容易被75毫米坦克炮和反坦克炮干掉的目标,而"虎"式的88毫米炮、大口径高射炮和PAK-43反坦克炮更是T-34一直以来的克星。不过,在T-34的设计中,战前没有得到适当关注或者没有时间改进到合格水平的那些性能,在战时逐渐得以改良,某些设计(或者说部件)甚至被完全替换。动力系统和变速器的升级尤其明显,最终它们的性能近乎完美,而且保持了维护方便和操作简单的优点。所有的这些改进,使后期型号的T-34能够完成在战争初期无法想象的任务。"例如,"罗德金说,"在我们从叶尔加瓦出发,穿越东普鲁士的那次行动中,我们在3天里行进了

500多公里。T-34在这样的行军中非常出色地坚持了下来。"然而，在1941年，500公里的行军对于T-34坦克来说简直是要命的考验——在1941年6月朝杜布诺进发的过程中，D.I.里亚贝舍夫领导的机械化第8军几乎丢失了一半的车辆。参加过1941—1942年战斗的A.V.博德纳里在比较当时的T-34与德国坦克后，给出了这样的评价："从操作的角度看，德国的装甲车辆表现更好，它们抛锚的时候比较少。对德军来说，行进200公里不算什么。但如果使用T-34，你一定会发现这个东西丢了，那个东西坏了。他们（德国人）车辆的技术操作设备比较好，而战斗设备比较差。"

截至1943年秋季，T-34已经成为执行纵深突破和深远迂回任务的独立机械化兵团的理想车辆。它成了大规模进攻战役的拳头力量——苏联坦克集团军的主战车辆。开着驾驶员舱盖而且经常打开大灯的长途推进成了T-34的典型作战模式。它们往往跃进数百公里，切断被围德军的退路。

1944—1945年的作战，本质上是1941年德军"闪电战"的翻版。在1941年，德国国防军使用装甲防护和主炮威力逊于苏联T-34、KV，但极其可靠的坦克打到了莫斯科和列宁格勒。在战争的结束阶段，T-34-85反过来执行了数百公里的纵深包围和深远迂回任务，试图阻止它们的"虎"式和"豹"式坦克却常因故障而失灵，或者因为缺乏燃料被丢弃。此时的T-34拥有对付德国坦克优势装甲的手段——85毫米炮，同时还有可靠的收发两用电台，这允许它们结队对抗德国的"猫科动物"。

战争初期投入战斗的T-34与1945年4月冲进柏林街道的T-34相比，不仅在外观上差异显著，在内部构造上也有很大不同。不过，无论在战争末尾，还是战争初期，苏联坦克兵都把T-34看作可以信赖的装备。他们最初的信心来自能够弹开敌人炮弹的倾斜装甲、不易燃烧的柴油发动机和无坚不摧的火炮。随着战争逐渐迎来胜利的结局，他们的信心则来自T-34的高速度、可靠性、稳定的通信，以及能让他们自保的强大火炮。

第三章
"他们打不穿我们的前装甲"
亚历山大·瓦西里耶维奇·博德纳里

战争爆发时我在乌里扬诺夫斯克坦克学校,当时我刚好在那里学习十八个月。我们的校长是"苏联英雄"称号获得者弗拉基米尔·涅斯捷罗维奇·卡舒巴,曾在苏芬战争中任轻型坦克第35旅旅长,在战斗中他失去了一条腿。1941年6月22日当天,他爬上演讲台,对我们说:"小伙子们,战争爆发了。这场战争将会是艰苦而漫长的。好好用功,别让我过早地把你们派出去。尽可能多学知识。必要的时候,我会把你们送出去的。有的是仗打。"

然而,头几周内我们一直在等着红军阻止敌人的进攻,并把他们赶出国境。战前他们告诉我们:"我们(红军)将在敌人的国土上,以微小的代价摧毁他们。"虽然这一切并未发生,德国人已经打到了莫斯科城下,但学校中的每一个人仍然坚信,即使莫斯科被包围,战争仍将继续。我们有乌拉尔,后面还有西伯利亚,以及规模庞大的人口!

我为什么去坦克学校?我需要解释一下,当我在高中的时候,就连我们这些学生都能看出和纳粹德国的战争不可避免。这是我认为我的前途在红军之中的原因。不仅如此,我的叔叔也是一名军人,1939年他告诉我:

"萨沙,你要毕业了。我建议你去上军校。我们不能避免战争,所以在战争中做一名军官更好。你可以做得更多,因为你会受到更好的教育。"这些话在我做决定的时候起了作用,我进入了最好的军校之一——乌里扬诺夫斯克坦克学校。

最初,我们学习如何当T-26坦克排或者BT坦克排的排长,但在KV坦克实现量产、装备部队后,我们的课程进行了调整,开始学习如何指挥重型坦克排。我们会分成两部分人,分别学习一套课程。每套课程的学员编成3个大约100人的连,每个连分成4个班,每个班大约25人。因此,有600人同时学习这两套课程,每年学校毕业300人。

学校还有一个特殊的营,他们装备了我们所学习的全部装备。这个营部署在距离伏尔加河20公里的一处营地。我们夏天和冬天去那里。我们用这些坦克学习驾驶、射击、保养、修理,等等。我们接受了很好的训练,还有很多实践课程可以学习。最主要的课程就是驾驶坦克和用坦克开火。我们的射击场里既有固定靶,也有移动靶。那里有专门给我们修建的窄轨铁路,还有设置在掩体里用来移动靶子的火车头。我们学习了如何在防守中射击,此时坦克停在掩体里,我们校准过自己和目标的距离,有合适的试射地区。至于进攻过程中射击,我们分别学习了短暂停车射击和行进间射击。我们练习"短停"的时候,车长对驾驶员喊:"短停!"然后驾驶员停车,车长开始计数:"21、22、23……"在这段时间中,他(车长)需要完成瞄准并开炮。行进间射击并不是特别有效,炮弹通常会打到目标附近。

我们认真学习了教材。M-17型发动机非常复杂,但是我们连每一个螺丝都了解得一清二楚。火炮和机枪——我们从车上卸下来,再装回去。所有的乘员都彻底地了解了坦克。

当时,坦克上的无线电设备还非常少,无线电联系经常中断,他们教会我们如何用信号旗保持联系。一共有二十个旗语命令,每一个都必须用心记住。但是在战场上,我从来没有见到有人使用这套东西,坦克兵们宁可从一辆坦克跑到另一辆坦克,或者声嘶力竭地互相叫喊。有些坦克甚至连内部乘员之间的车内通话器都没有,而所有的命令都应该通过口令下达,比如"驾驶员,前进""驾驶员,暂停",或者"装填手,穿甲弹"。在前线,我用动作下达命令的时候比较多,如果我在装填手的鼻子下晃拳头,他就知道要来一发穿甲弹;而摊开手掌,意思是一发杀伤榴弹。总体来说,我被训练成了一名优秀的BT坦克驾驶员,但我在KV重型坦克上只实习过一次,那次他们让我们在乌里扬诺夫斯克的列宁广场练习驾驶,我们驾驶着坦克向列宁纪念碑前进,然后把坦克推上倒挡,再开回来。这样的练习一共两次,一次一挡,另一次二挡。

1941年10月,在学校学习了十八个月[①]而不是两年以后,我结束了学业,被任命为一名中尉并分派到弗拉基米尔。坦克第20旅正在这里组建。我们花了一个礼拜的时间,把这个旅集合起来。10月1日开始组建,到9日,整个旅的人员就上了火车。我们被送往莫斯科的近郊,坦克在那里等着我们——在戈利岑诺区,在多罗霍沃。整个旅杂七杂八地装备着不同型号的坦克,就这样加入了莫斯科保卫战——我记得有不超过7辆KV坦克,不超过20辆T-34坦克,剩下的都是T-60、BT系列和T-26坦克。整个旅的战斗力非常弱。10月11日,我接收了一辆KV坦克,我们旅已经准备进入博罗季诺战场。

敌人在第32师的防区内突破防线,我们旅——作为预备队——展开部署,以填补漏洞。我的坦克只有76毫米火炮炮塔露在地表之上。第一次战斗中,我毫不畏惧地在500米到600米的距离上击毁了两辆德国装甲

---

① 原文如此。此处和前文第51页第一段内容有所冲突,疑为作者笔误或本章内容讲述者(博德纳里)的记忆出现偏差。

输送车。车上的人跳出来的时候,我用机枪扫射他们。我的坦克被一辆四号坦克的炮弹至少打中两次,当然,敌方炮弹没有击穿装甲。随后的六个礼拜里,我们一直在撤退、反击,持续遭受减员。我在这些战斗中存活了下来,但我记不得更多的情况了。

12月,我们的反击开始了。1942年1月21日,我们坦克旅到达鲁扎郊区。鲁扎城坐落在一条同名河流的西岸,我们这一侧的河岸略有坡度。我方步兵被敌人的火力打得抬不起头,无法前进。我们旅一共有四辆KV坦克,剩下的是BT坦克和T-26坦克。这就是说,我成了个掷弹兵。这些小坦克没发挥什么作用,它们一打就着,但德国人还没有什么办法从正面对付KV坦克。所以,坦克第20旅所配属(步兵)师的师长下了命令:"把KV坦克开到冰面上,掩护步兵进攻。"营长对我说:"孩子,你要在冰面上驾驶坦克了。""好吧,"我说,"您是否真的了解,这些坦克重48吨,而且现在是1月21日,也就是说,冰面没有四十公分厚,承受不住我们的坦克?""孩子,你必须把坦克开到冰面上去,否则那些步兵就站不起来。一定不要开得太远,这样沉下去的时候,你还有时间跳出来。"

我的驾驶员名叫米罗什尼科夫,以前是伏罗希洛夫格勒剧院的一名演员,比我大四岁(他从来没叫过我"中尉同志",而是朝我喊"嘿,中尉,快来,中尉"。我认为这还算正常,因为我刚刚过来,而他是从西部边境一路打过来的,并且已经获得了"红旗"勋章)。所以我告诉他:"米罗什尼科夫,万一我们沉下去了,你得挂空挡,这样他们才能顺利把坦克拖出来。""我知道,中尉,知道。"然后,我告诉其他乘员:"别关顶舱盖。"

我们往前开了七八米,坦克就开始沉入河底。谢天谢地,我们虽然穿着坦克服、带着衬里的夹克衫、毡靴,但是还有足够的力气游到河岸。步兵已经夺取了对岸的敌人阵地,所以不再有机枪子弹射过来。我们在河岸上就脱得光光的,然后他们把我们中的每个人,都用一件羊皮袄裹起来，送到树林里，给了我们每人一杯伏特加，对我们说："睡吧！"我们睡了整整一夜。第二天早上，维修分队的队长把我叫醒，说道："博德纳里，我们去莫斯科，弄些拉坦克的钢缆来。"到晚上，我们已经回到鲁扎。工兵们把坦克钩住，拉上来，弄干，重新换了蓄电池组。三天后，我们又继续驾驶坦克参与进攻。

这件事证明了什么？那时候坦克是配属于步兵部队的。比如上级会做出决定："这个坦克连将支援这个步兵团的进攻。"当我们看到步兵团的团长，他会说："哦，坦克兵！太好了。现在我们日子好过一些了！我们可以等你们冲到我们前面去，再站起身来进攻！"这意味着我们要按照步兵前进的速度进攻！而这反过来会造成不必要的损失。步兵把坦克当成了他们的铁甲盾牌。在后来的战争进程中，我们学会了如何使用坦克部队独立执行战斗任务。当然，那时还是有直接支援步兵的坦克，但不会再出现把所有的坦克都用来支援步兵的情况。

1942年4月，我们接近格扎茨克——现在叫加加林。我们接管了那里的防御，用来替换的装备也被送达那里。我们接收了很多T-34坦克，而且我的营现在主要由这种坦克组成。不幸的是，我们接收的坦克都是由斯大林格勒拖拉机厂生产的，它们的负重轮没有橡胶轮辋，所以这些坦克开动的时候响声震天。高尔基厂生产的T-60也到了。但KV坦克仍然很稀少——列宁格勒基洛夫工厂的供应停止了，车里雅宾斯克工厂还没有开始生产。所以（工厂或修理厂）只能从被击伤和损坏的KV坦克中拆下零件，自己组装。在梅德韦杰夫大尉指挥的坦克营里，我被任命为一名排长。指挥排由营长的T-34和两辆T-60组成。我移交了KV坦克，和驾驶员米罗什尼科夫一起转到了一辆T-34上。在后面的战斗中，我以前使用的那辆KV轧上了地雷；另外，我对该坦克（移交后）的乘员一无所知。

就具体的操作方式而言，KV和T-34两种坦克的差别不大。所以从其中一种坦克换成另一种坦克，训练有素的坦克兵最多花一周时间就能完成换装训练。在前线没有战斗时，我会使用周视瞄准镜，使用主炮，尽全力驾驶这辆新车。年轻的时候总觉得学习使用新的设备很容易，也很过瘾！

8月初，我们的旅被调到加里宁方面军，参加了从沙霍夫斯卡亚车站向波戈列洛耶戈罗季谢—勒热夫方向发起的进攻。这是切断所谓的"勒热夫阳台"的第一次尝试。我记得营长亚历山大·米哈伊洛维奇·梅德韦杰夫把各个连长和排长叫到一起，他告诉我们："德国人会被一路赶到斯摩棱斯克，所以一定要果断行动。前进，完成任务。"但是我们没有前进太远。虽然开始的五六天里进攻势头很好，我们设法推进了约70公里，但还是无法在夏天打败德国人。

我参与了这次进攻。我走在我军战斗队形后面1~1.5公里处，突然看见一片散落着死伤战友的战场。他们都是年轻的士兵，戴着近卫军胸章，穿着崭新的军装。碉堡里的一个德国机枪手横扫了我们的士兵。用这样的方式冲击敌人阵地真是愚蠢。我们的士兵什么都准备好了，但他们的指挥员不知道如何正确实施进攻。他需要调上迫击炮或者其他火炮，压制住敌方机枪。但是他没有，这名指挥员就知道喊："冲啊！冲啊！"这是炎热的一天。我记得一个卫生员跑过田野，哭喊道："哦，好心人啊！帮帮我！帮我把他们挪到树荫下！"我帮她把伤员拖了过去。大多数人处于休克状态，也就是说，他们没有意识，所以很难判断谁受伤，谁已经死了。这是一幅令人非常沮丧的景象。让一挺德军机枪横扫挤满了人的一片田野——这样愚蠢的命令我以后再也没有见过。这种事情只发生在战争最初的防御阶段，我们还不知道如何战斗。就像彼得大帝向瑞典人学习作战，我们也向德国人学习，一直学到斯大林格勒。而斯大林格勒之后，我们不需要再向他们学习什么——我们自己就能战斗。

我记得在我们前进的时候，德国人抛弃了多少装备啊——有保障车

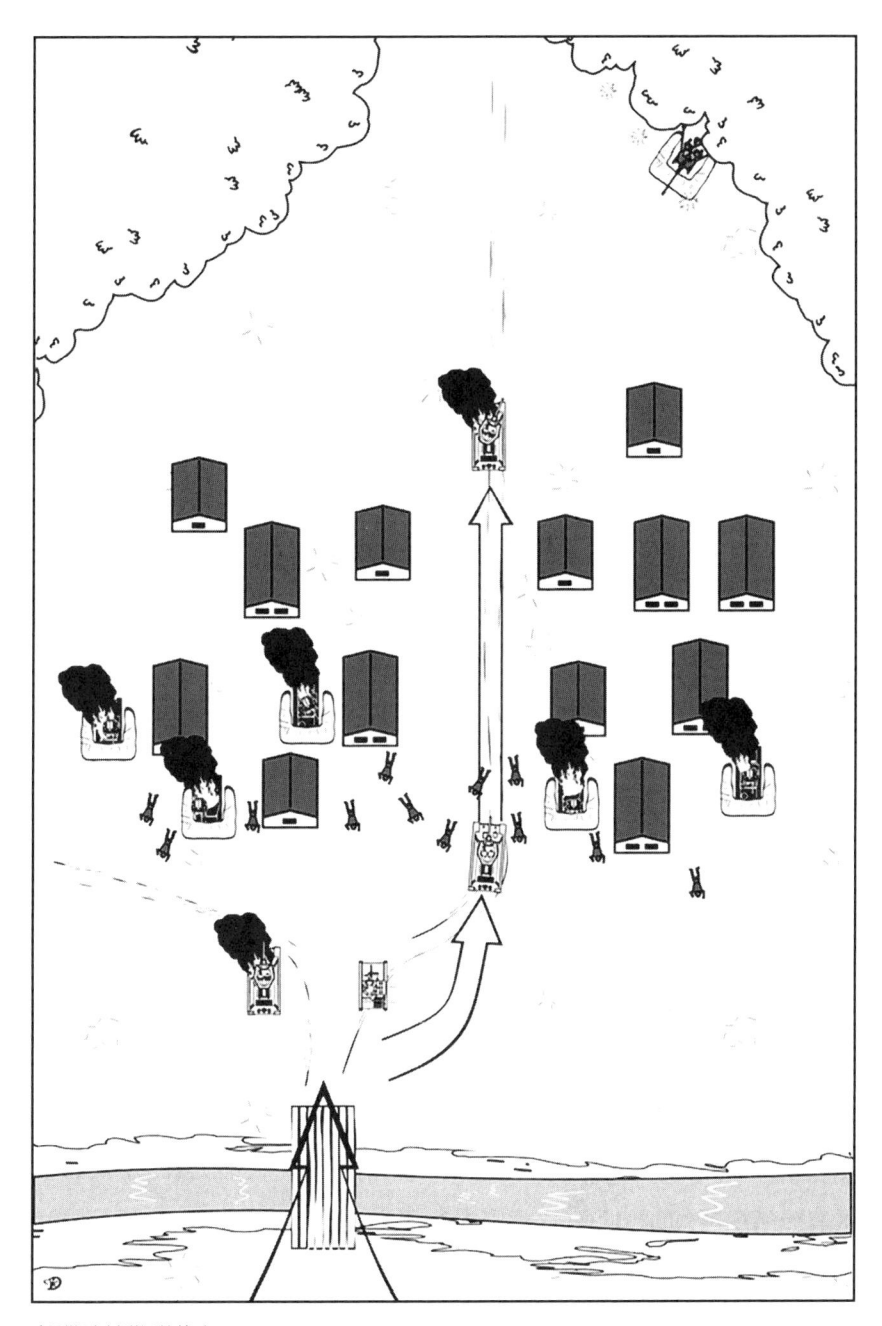

克列斯齐村附近的战斗。

辆，有修理车间。我们在一辆车旁边停了下来，看见车上有一条用来保养的白毛巾。我很乐意使用这样的毛巾擦鼻子，而德国人有整箱这样的毛巾，甚至只是用来清洗和修理东西。我心想："嘿，你们这帮家伙，日子过得真不错！"然后我发现了一辆"宝马"牌摩托车。我从来没见过这样的东西，我根本不知道如何骑摩托车。我坐在上面，不知道如何换挡，因为我不知道离合器在哪儿。当我抓住离合器手柄的时候，摩托车慢慢地起步了。我琢磨道："好，这就能成。我就用油门调节速度。"我的坦克车长正在开T-60坦克，我骑着摩托车跟在他后面。我就那么骑着，直到晚上我回到部队，一个反间谍人员跟我说："你要去战斗，所以我要拿走你的摩托车。"

8月7日，我们到达克列斯齐村。那时候我们营还剩三辆坦克。其中营长和多尔古申中尉各有一辆T-34，后者是我的朋友、乌里扬诺夫斯克坦克学校的同学；还有一辆T-60。其余坦克或被摧毁，或已损坏。我们损失惨重，其中多数是德国反坦克炮所造成的；此外，德军没有大规模部署坦克部队。然而，当我乘T-60坦克赶上了坦克营时，我看到八辆二号及三号坦克被反坦克枪击毁。德国人可不常吃这种亏，他们很少被伏击——这次其坦克是在一片空旷的田野上列成一队，彼此间隔五十米。

战争期间有这样一个规矩，若一个旅接到战斗任务，就会奋力战斗到最后一辆坦克被摧毁或损坏。只有失去了最后的坦克，这个旅才会脱离战斗，被送到后方去装备新的坦克。营长把我叫过来，告诉我："孩子，我已经没什么可以指挥的了，我不会参加这场战斗。这是你的命运。你有两辆T-34——我的和多尔古申的——以及一辆T-60。试着在夜间攻入村子并守住它。（支援你的）步兵应该会在早上到达。"这就是任务。我们面前有一条小河，河上有座桥。德国人通常会在桥上埋雷，但河边都是烂泥地，我知道我们要是走那边，一定会陷进去，任务也就失败了。所以我决定冒个险，让T-60冲过桥去，而这可能是让坦克和它的乘员去送死。然而奇迹发生了——桥上没有埋雷，我们到了河对岸。

我们靠近村子。德国人的火炮和机枪开火了，我们用机枪还以颜色。天渐渐黑了，我不得不打开舱盖，露出头来——什么也看不见（在进攻的时候，我不锁舱盖，而是用裤带绑上，将其一端系在舱盖的锁上，另一端系在炮塔里面放弹药的钩子上，这样如果我的手臂受伤，我仍然可以用脑袋顶开舱盖）。

我看到多尔古申的坦克着火了，当时我想："你们为什么不跳车？你们为什么不跳车？"然后我看到他们逃出来，心想："感谢上帝！"我根本没想自己。在村外，我还剩一辆T-60和一辆T-34。夜里平安无事。在早上，准确说是凌晨，外面仍然非常寒冷，大概六点，德国人发起了反击。我第一次也是最后一次看到德国步兵如何排成密集队形前进，他们穿着用来挨过长夜的大衣，拿着自动武器和卡宾枪。我看见他们的脸——胡子拉碴，我猜测他们（发起反击前）喝过酒。我用机枪不停扫倒他们，从他们背上被打出来的大衣碎片四处乱飞，然后他们摔倒在地。这种感觉很像行刑队执行死刑。

我做到了。我守住了村子。我击毁了五辆半埋的德国轻型坦克。德国人对我一筹莫展，因为我驾驶着T-34，他们没法击穿我这辆坦克的装甲。

战斗结束了。我们的步兵到了这里。中午过后，有人不停地敲击坦克的底部，有一个士兵说："博德纳里中尉，这是营长给你的指示。"我说："从底舱口递进来。"指示内容如下："小伙子，'喀秋莎'（火箭炮）会在晚上五点开火。一旦那边开火，你就设法和步兵一起突破到克列斯齐另一头。"这就是整个命令。一切都很清楚，没有和友邻部队的分界线，没有参考点，只有"小伙子，设法突破到另一头"。于是我下达命令，让大家做好准备。

我们发起了进攻。我看见村子的另一头，有一小块空地沐浴在阳光下，我只有一个愿望——冲到那块空地去。如果无人防守，这将意味着我拿下了整个村子,然后我不会再往前走一步,因为我已经完成了我的任务,而且还活着。我刚想到这里,就在潜望镜里看到了德国反坦克炮!一发炮弹从侧面打中我的坦克!驾驶员喊道:"车长!机电员塔拉索夫死了!"我弯腰看塔拉索夫,他整个人都黑了,炮弹正好打穿了他。接着又传来一声巨响。坦克突然熄火,烧起来了!我们只好自救,因为坦克正在燃烧。我把舱口打开,对其他两名乘员大叫"弃车",然后跳进了一片土豆田。子弹呼啸着四处横飞。

我受伤了,左腿鲜血直流。驾驶员爬过来说:"中尉,把你的左轮手枪给我,我会保护咱俩!""你的呢?""额,它刚好松脱了,掉在了坦克里。"但我知道,他总是把手枪放在座位上,因为它妨碍他推拉操纵杆。这一次命运惩罚了他。"不行,"我说,"我不能这样做,我受伤了,如果出了什么意外,我就没法自杀,因为我不想当俘虏被敌人折磨。对了,坦克为什么熄火?"驾驶员告诉我,在坦克第二次被击中前,用来打火启动的蓄电池损坏了。"你为什么不试着用压缩空气启动坦克?""我忘了。"我们躺在那里的时候,坦克燃着的火熄灭了。我躺在那里不停地说:"为什么不烧了,为什么不烧了?"毕竟,如果坦克没有被打着起火,我就会被送去惩戒营,因为我只在两种情况下才有权离开坦克:坦克着火,或者武器失效。但现在坦克的火炮还是完好的,坦克也已经停止了燃烧。最后,我们发现原来坦克本身没有着火,而是车内弥漫的(油挥发而成的)蒸汽烧起来了。一旦油汽烧完了,坦克就会停止燃烧。我躺在那里,思考着我遗弃坦克的责任,以及如果活了下来我会怎样。于是,我告诉驾驶员:"爬过去。你自己一个人可以爬过去。德国人以为我们都逃了,所以你可以爬过去,试着启动坦克。"我迫切地希望活下去!"然后,"我说,"开到我们(我和装填手)头顶上,想办法把我们从底舱门弄进去。"当时我认为这是可能的,因为我真的希望活下去;但现在我明白,这是不可能的。什么样的驾驶员,能在敌人的炮火下,开到我们头上,打开底舱门,把负伤的我和装填手斯列波夫接进去?这显然是不可能的。

驾驶员跳进坦克。坦克发出一声咆哮,像一只狗追逐自己的尾巴一样拐了个弯,然后回到我们的防线。现在我当然可以说,他的做法是正确的。如果他真的试图救我们,三个人都会被打死。于是,他回到我们的防线,坦克得以保存。但那时……很巧,我在《共青团真理报》上看到了关于这次战斗的一篇文章。它说:"德国人七次打着了坦克,而驾驶员七次扑灭火焰。"嗯,这当然是假的,是营里一帮从来没亲眼见过作战行动的共青团书记写的。

斯列波夫和我留在土豆地里。到傍晚,枪声逐渐停下,我们开始往回爬。我们发现了一处我方在1941年建造的掩体——那里没有德国人。我们爬进去,紧贴着掩体的后墙。我对斯列波夫说:"给我包扎一下,膝盖上面。"他把他的皮带解下来,系在我的腿上,但那时候血早就止住了。然后,我们听到德国人的声音。他们是跟着我们的足迹找过来的——我们毕竟踩了不少土豆。其中一个命令另一个进入这处掩体,但后者拒绝了。于是,他们开始用冲锋枪对着掩体的矮墙扫射。土块掉在我头上,但是子弹没打进来。真走运,他们没扔手榴弹。斯列波夫示意我挪到一边,但我挥了挥手——没事的,他们打不穿。由于失血较多,我非常想睡觉。我的左轮手枪制造于1938年,有7发子弹,但2发子弹中就有1发可能打不响;所以我想在德国人冲进来的时候干掉3个人,留下最后那发子弹给自己。但重要的是在足够长的时间里保持清醒,这样才能做到自杀,因为如果我睡着了,德国人会把我戳个透心凉。所以我捧起冰凉的泥土,按在额头和脸颊上,以免自己睡着。

我就那么躺在那里,从我的衣领上解下方领章——如果我真被俘了,德国人会把我当成一个列兵,少折磨我一点。我想:"主啊,救我!如果你这样做,我会一直信仰你。"就是这么回事儿。所以即使到今天,我仍然相信主……

在那一刻,我听见"喀秋莎"齐射的吼叫。德国人被打中了。他们大声喊着"快跑",然后跑远了——除了搜寻我们,他们现在还有其他的事情要做。我能听到他们拖着一个伤员离开,而另一个德国人悄悄进入我们的掩体,然后……睡着了!这听起来太假了,但确实如此,毕竟进攻已经进行了八天,德国人喝醉了,也疲惫不堪。我示意斯列波夫拿匕首捅了他。他却示意说他不知道如何用刀杀人。然后我(用枪)指着斯列波夫的太阳穴,意思是如果他不服从我的命令,我就要处死他。他明白了,爬过去,拿出刀来。我只听到德国人低喘了一下,但斯列波夫还是砍了他好一会儿。

天黑时,我们悄悄溜了出去,决定设法回到我们的战线。夜间繁星点点,露水滴滴。斯列波夫没有受伤,而我之前就受过伤。我们不得不再次向我们的人爬过去,我又给了他一个不可能完成的任务。"爬回去,"我说,"一个人爬回去,因为如果我们的人对你开枪,你(因为没有受伤)可以跑,你可以爬起来,告诉他们派一个士兵跟随你的足迹,就能找到我。"谁会真的相信某个中尉躺在那里?我甚至不能肯定斯列波夫回得去……但我真的想活下去。他走了,我爬向一座房子,希望在那儿挨到夜晚过去。我爬着靠近房子时,听到有德国人说话,一个喝醉的德国人在闹腾。一个女人正坐在房子边上哭泣。我用左轮手枪指着她,对她说:"爬到我这里来。""你怎么在这儿?"她说,"我的房子里有德国人,我的孩子藏在树林里。我能拿你怎么办?""爬,"我说,"不然我就杀了你。"她和我母亲年龄差不多——三十七岁或三十八岁。她爬了过来,我拥抱了她。"爬走,"我说,"去找我们的军队。"她知道往哪里爬,到早上,我们爬到了我方的前沿阵地,终于听到了俄语的说话声。

"嗯,你要待在这里,还是爬回去?"我问她。"我回去,我的孩子们都在那里。"我现在仍然感到遗憾的是,那一天我没对她说"谢谢"。她爬走了,我说:"同志们,我是一个受伤的中尉,我曾经在早上①驾驶坦克和你们并肩作战。"我听到一个苍老的声音:"当然,你们都是受了伤四处爬。德国间谍……""我是一名中尉,我在坦克里和你们并肩战斗。"然后我听到一个年轻人说话:"伙计们,来吧。他就是那个中尉,他在那里……"我听见有人说:"站起来,举起手来!""我站不起来了,我的腿受伤了。"然后我听到他们对那个年轻人说:"爬到他那里去。如果他不老实,就扫他一梭子。"他爬到我这里,把我拉了回来,我说:"还有坦克剩下吗?""是,有一辆小型的。""把他们(乘员)的指挥员叫过来。"指挥员跑着过来:"中尉同志,中尉同志。"我说:"把我带去攻击出发点。"嗯,这让他很高兴,因为他可以去后方,离开战场,此外还能救一名中尉。总而言之,这对我们都有好处。他们带我到攻击出发点,我昨天就是从那里开始进攻的。营长对我说:"孩子,我知道会是这个样子,但是结果比我想象的好。现在你算通过战火考验了,感谢上帝。"

我被一些人带进了一个掩蔽部。旅长康斯坦丁诺夫的妻子说:"割开他的靴子和裤子。"他们割开了。她说:"哦,你这里糟透了。来一杯伏特加!"他们给我一杯伏特加,就动起了手术,并包扎好。第二天,他们带我来到了沙霍夫斯卡亚车站。他们把我抬上担架,一个小战士在前面,一个年纪大、个子高的人在后面。我说:"如果有事发生,请至少给我换个地方吧。""没问题,中尉,我们会把你送到。"但在"容克"俯冲轰炸机扫射波戈列洛耶戈罗季谢和沙霍夫斯卡亚的时候,他们把我丢在路中间,跳进了路边的沟里。后来我问他们:"你们为什么不把我也带进沟里呢?难道不需要这样做吗?""嗯,一时间没来得及……"这就是生活。他们重新带上了我,把我放在稻草上。我记得他们给了我又香又浓的罗宋汤。随后,强壮、友善

---

① 原文如此。根据前文推测,此处应是指"我"曾在昨天早上和其他人并肩作战。第二天(即今天)早上,"我"才爬回己方前沿阵地。

的姑娘们开始把我们这些受伤躺在担架上的军人抬着放入去莫斯科的火车。有人喊道："快点,赶在德国的轰炸机之前到莫斯科。"因为晚上德国飞机会飞过莫斯科。当姑娘们把我们装好,我们出发了,我听见另一节车厢里有人开始唱歌。我问一个老战士:"那是谁?""哦,是把我们送上来的女孩。""她们为什么要去莫斯科?""生孩子。""什么意思,生孩子?""哦,十月她们被征召入伍的时候,她们的母亲对她们说:'去了赶紧怀个孩子,这样就能很快回家。'"情况就是这样。这是生活的规则,我不想责怪她们。

这次战斗结束后,我获得了"红星"勋章。我在博布鲁伊斯克车站被送进医院。一个朋友说:"萨申卡!《共青团真理报》上刊登你的事迹了!"我读到"博德纳里中尉指挥的坦克一马当先冲进村子……"这文章刚好在我住院的时候见报,而且被我的朋友看到了,这就是命吧。但我不知道我的驾驶员和装填手怎样了。我在不同的医院之间辗转,总共住了九个月的院。我伤得很严重,很难愈合。

1943年年中,我终于出院了,但需要拄着拐杖,因而不适合继续作战。于是,上级把我派到位于上乌法列伊市的一个坦克教练团。我被委任为教练连的连长,在战争剩下的时间里,我为前线训练T-34驾驶员,因为我知道驾驶员必须怎样做,也知道如何训练他们。

年过八十以后,我感到很抱歉,我们在战争中对别人如此野蛮。他们粗暴而毫不在意地把我们的阵亡者从道路拖到路边的沼泽里,而我们也一样。我们几乎没有德国人的战争墓地——只有莫斯科和斯大林格勒有一些。战争结束的时候我在德国,在利佩琛兹多夫,我看见了第一次世界大战中俄国战俘的公墓。我想:"当时的德国人更文明。他们明白,死亡的战俘应被妥善安葬。"但在第二次世界大战期间和我们战斗的德国人,受到了纳粹思想的毒害,和他们(即"当时的德国人")完全不同。我们也不是那么文明——如果我们来到敌人的墓地,只会毁掉他们的十字架,继续前进。

第四章
"现在我知道了,你是一个真正的坦克兵"
谢苗·利沃维奇·阿里亚

战争爆发时,我在新西伯利亚军事交通工程学院接受培训。1941年秋天,我们全班都被派往莫斯科前线。然而,我没有到达前线,原因是我乘坐的火车在一次空袭中被炸毁,我因为被炸弹严重震伤住进了医院。

伤好之后,我被送到下塔吉尔的坦克教练第19团。这个团分为几个营,每个营都由将来会担任特定职务的学员组成——这个营专门训练坦克车长,那个营训练炮塔乘员(如装填手),等等。我最终去了培训驾驶员的营。他们教我如何驾驶,保持与车长交流,还让我了解了坦克发动机的结构和维护方法。在冬季很难启动坦克发动机。要想出发,你就必须采取如下步骤,提前两个小时预热发动机:要在车底下放一个(长度和宽度)尺寸比坦克稍微小一点的托盘,浇上柴油,点燃。做完这些事,再等一个半小时,坦克就能发动了——此时整个坦克都被熏得黑乎乎的,乘员也是一个德行。他们把我们带去靶场,然后让我们驾驶坦克越过障碍物,更换损坏的履带。修复履带是一件极不容易的工作。

照理说,一个车组的各个乘员应该是可以互换职位的,但现实中不行——大家的训练时间太短。比如(作为驾驶员的)我只开了几次炮。

在我们两三个月的训练中,我们还在工厂的总装流水线上参与了坦克装配。

关于T-34我能说什么?总体来说,它的设计很成功,是一款相当可靠的坦克。但说到缺陷,我要说的是,内部通话器简直糟糕得不能再糟糕了。这就是为什么车长得用脚来下达命令——他的靴子踩在我的肩膀上,至于踩我左边还是右边肩膀,这取决于他想让我往哪边转;在我的头上点一下,则是"停下"的意思。战后,我作为一名律师,和我们顾问处的主任、退役上校克拉皮温("苏联英雄"称号获得者,战争中曾指挥一个坦克团)一起工作。当我告诉他我们是如何同车长的靴子一起和敌人战斗的时候,他说:"哦。现在我知道了,你是一个真正的坦克兵。"

除此之外,驾驶员舱盖上观察窗的多层防弹玻璃简直烂得无法形容!这些潜望镜都是由质量很差的泛黄或泛绿的玻璃制成,产生的影像全是扭曲失真的。通过这玩意根本不可能看清任何东西,特别是我驾驶坦克在野外行进时。这就是为什么驾驶员在战斗的时候,总会半开着舱盖。一般来说,T-34内部的各种设计对乘员的关注(指乘坐舒适性等)只保持最低限度。我看过美国坦克和英国坦克的内部,它们为乘员提供的工作条件要舒服得多。这两个国家的坦克内部被涂成浅色,还设有柔软的扶手椅。然而,这些西方坦克的发动机烧汽油,就像火把一样容易被点着。此外,它们(英美两国坦克)的轴距太短,在山坡上很容易翻车。

完成训练后,乘员们也随之编好组,跟着T-34坦克一起装上火车,并通过中亚来到前线。在克拉斯诺沃茨克,我们乘坐轮渡渡过里海,到达高加索。途中,我们坦克的防水帆布被吹掉了。这里我要补充一点,要是没有帆布,在坦克里的生活会非常难受。它是必需品,比如睡觉的时候是毯子,吃饭的时候是桌布;在铁路运输中,我们还会用帆布把坦克遮盖好,否则坦克会进满水。我们的坦克都是战时生产的,(炮塔上的)顶舱盖没有橡胶衬底，而驾驶员舱盖有橡胶垫但不防水。这就是为什么没有帆布会很糟糕。所以我从仓库中偷了张帆布来用。

我们到了北高加索，随后作为坦克第2旅的一部分参与莫兹多克的战斗。然后，我们被转到坦克第225团，这支部队之前在矿水城和库班地区战斗。这时候出了件事儿，害得我去了惩戒连。1942—1943年的冬天，我们旅在莫兹多克的战斗中伤亡惨重。在一个阴沉的冬日，我们纵队经过长途跋涉，到达列沃库姆斯卡亚哥萨克村。撤退的德军炸毁了他们身后库马河上的桥梁，我们的工兵在这里用他们能找到的一切东西，造了一座临时浮桥用于渡河。营长检查过后，带着巨大的疑惑询问工兵部队的指挥员："坦克能过吗？25吨重的？""毫无疑问！"工兵指挥员答道，"这是近卫军的作品！但一次只能上一辆。"

第一辆坦克小心翼翼地从摇摇晃晃的桥上开过去了。第二辆和前一辆一样小心地出发了，但是方向稍微有点偏，结果只走到桥的中间就连桥一起掉进了激流中，只有主动轮还出现在水面上。我们费了点劲，把坦克乘员从冰冷的河里捞了出来。

在和工兵"亲切友好坦诚地交换了意见"后，营长找到当地一个老人，在我们的口头威胁下，他承诺给我们找个渡口。营长把这个老爷爷带上他的威利斯吉普，告诉我作为坦克纵队的先头车的责任，然后命令我们跟着他。"不要开得太快，但也不要落在后面，"他说，"如果出了什么错，我会打手电筒发信号。"

我们走上河边没铺过东西的土路，出发了。这时候，天完全黑了。经历第一次战斗后，我们的坦克就失去了车灯；但就算我们还有，因为担心被敌人的空军发现，也不能开灯。这就是为什么我只是跟随着黑暗中指挥员的吉普车上跳动的蓝光，而淡淡的月光从云后面偷偷摸摸地探出来，让蓝光更加看不清楚。在这样的夜晚里根本看不到路。纵队跟在后面。我们这样走了大概10公里。

营长没有注意到一处河谷上有一座不起眼的小桥——但我们后来才知道这件事——就径直开过去了,既没有停车,也没有发出信号。当我的坦克全速前进试图过桥的时候,桥塌了。坦克的前装甲撞上对面河谷的坡地,整辆车翻了过来,并且滑下河谷。

我从昏迷中恢复知觉后,发现自己被埋在一堆从箱子里掉出来的76毫米炮弹里,还有机枪弹盘、工具、坦克里的各种家伙事儿。酸液从倾覆的蓄电池里慢慢流出,形成几股稀疏的涓流。电池放电所发出的绿光照亮了坦克里的一切。除了一些擦伤,我还好。我首先想到的是,我害死了其他乘员,因为他们在行军时通常不待在车里,而是用帆布盖着发动机舱盖,坐在上面——这是炮塔后方一个温暖的地方。然而,他们都还活着——坦克翻车时,他们被抛到前方的地上。我听见车长库茨中尉在外面喊:"阿里亚!你还活着吗?"我从底舱门爬了出去。这时营长出现了,他就像盒子里跳出来的魔鬼一样。他把俄语中最下流的词汇倾泻到我身上,还说:"我会留下一辆车把你(的车)拉出来。你必须把坦克弄出来,把一切整理好,到早晨的时候要跟上我们。如果办不到,我就毙了你!"

我们挖了一宿,终于挖好一条走出河谷的路,用牵引车先把我们的坦克翻过来扶正,再拖着它重新套上履带。车内的部件发出让人揪心的撞击声。最后,我们把车内的金属残片全部清理干净,然后用压缩空气应急启动机发动了坦克。

在黎明之前,我们还有一个小时可以睡一觉,并且吃点东西。黎明时分,我们继续赶路,到达了渡口,过河,在中午赶上大部队,向营长报到。我们四个(车组乘员)都累到极点,我的情况是最糟糕的。我在驾驶座上不停地打瞌睡,在我的梦里,我甚至看见了前面纵队里的一辆坦克。这种行为是很危险的。中尉(即车长)看到我的样子,一直在车里跟我待在一起,帮我提神,时不时从他在炮塔里的座位那儿踢我一脚。可惜的是,车组里没有人能代替我——由于训练课程被压缩到最少,车长不用自己学驾车,而装填手科利亚·雷林和机电员韦列夏金也都没有学过驾驶。所以,我就只能痛苦地独自和操纵杆"搏斗"。

第一次休息时,在就着粥吃完《租借法案》提供的肉罐头以后,我们发现发动机漏油了——这是跌进河谷的结果。但我们认为漏油不严重,用几层绝缘带紧紧裹住裂纹,再用电线扎紧后就继续前进了。

又往前走了5公里,我们停下来休息。之后,我们坦克的发动机就无法启动了。我们向连队的技术军官求助。他爬进坦克捣鼓了一小会儿,试图用撬棍让机油泵的涡轮叶片转起来,然后说:"只有傻瓜才以为这种打绷带的方法能止住漏油!油都漏光了!你的发动机完了,拉缸了。""我们怎么办?"中尉问。"旅长会决定怎么办。野外没法修理坦克,它需要换发动机。我们必须找个修理厂。暂时在这里等着吧,现在我向上级报告。明天我们会找人拖走这辆坦克。"纵队离开了,而我们待在原地。暴风雪扫过冰雪覆盖的空旷大草原。没有树,也没有灌木丛,只能看到离路很远的地方有两间低矮的小屋。

坐在冰冷的坦克上显然是不可能的。我们把帆布搭在主炮上,试着搭了个小棚子。在这里面,我们点燃了一桶柴油,营造出一点温暖的幻觉。我们设法吃了点东西。两小时后,因为油烟和灰尘,我们都认不出谁是谁了。

"这样,"中尉总结道,"我们要么待在这里被冻死,要么去那里过夜。"他伸手指着远处的屋子。"那有烟囱,所以里面会有炉子。也可能有一些稻草。我们留一个卫兵在坦克上。你需要睡一觉,"他朝我点点头,"所以你先值一个半小时的班。然后我会派人来替你,这样你就可以休息一晚上了。"

所以我背着轻机枪，跟坦克待在一起。在黑暗中的时间太难挨了。我走来走去。我不能靠在坦克上——这很容易让我的眼睛闭上。但换岗的人一个半小时后并没到。两小时后也没到。我彻底累垮，显然，他们几个人睡得像木头一样。我用机枪打了几枪——还是没动静。我必须做点什么，否则非冻死不可。我根本站不住了。

我把坦克锁上，跌跌撞撞地穿过白雪覆盖的草原，向小棚子（远处的小屋）走去。我费劲地叫醒了睡在稻草上的中尉，并告诉他这么干（没有安排人换岗）是多么严重的错误。然后，还是半梦半醒的雷林没弄明白情况，就被我从温暖的床上弄了起来，拿着机枪就被赶出去了。我倒在他的位置上，没脱衣服就睡着了。雷林在冷风中只站了一会儿——就背弃了他参军时的誓言。

黎明时分，我们一边走出小屋，一边骂着韦列夏金，这家伙把他值班的时间睡过去了。我们看了看路上——我们的坦克没了。它不在那儿了。它被偷了。雷林也不见了。最终，我们发现他在旁边的棚子里抱着机枪睡得正香。当我们告诉他情况后，他就跟被咬了一下似的，跑到外面查看。亲自看过后，他告诉我们说，事实上，他夜里走到路上以后，就已经发现坦克失踪，然后他就回来睡觉了。我们很自然地问：为什么他没叫醒我们，为什么他睡在一个（和我们）不同的棚子里？他解释说，他只是不想打扰我们……

尽管这个说法极端荒谬，却完全消除了他的内疚。这就是为什么他会立场坚定、毫不害臊地撒谎，甚至直视我们的眼睛。因为除了逻辑，我们没有什么能拿来反驳这些胡话。当然，作为车长，中尉库茨肯定有责任。可是我，作为一个离开了岗位的哨兵，显然会是下一个"替罪羊"。

所以我们开始在宽阔的库班古道上，沿着已经被冰冻的车辙行走。我们的坦克没了，这感觉就像天塌了一样。在沉默中走了大约10公里后，我们到了一个大型哥萨克村子的边上，在这里发现了我们多灾多难的坦克的车辙。原来，快速抢修队在夜里就到了，然后他们发现坦克无人保卫。于是，他们用自己的钥匙给坦克解锁，把它拖走了。当然，他们看到了我们的营地，也知道乘员到底哪儿去了，但他们决定开个小玩笑⋯⋯

这个玩笑，加上我们雷林同志固执的谎言，让我们付出了高昂的代价。一次简短的调查完成后，旅长下达命令，把库茨中尉和我送上军事法庭。

我就是因为这样去了惩戒连。然而，在这之前，我不得不在一个满是（因被判刑）命不久矣的倒霉鬼的房间里待着，然后长期在库班地区流浪。中尉库茨、我还有另外一个人，我们三个是被一起发配的，共有一套文件。但中尉和那个家伙扔下我逃跑了，剩下我孤零零一个人，没有任何文件。后面所有的事情，就像一场有一个令人极端不安的结尾的荒野大冒险。经过长期漂泊，我终于在塔甘罗格某处发现了（我应去的）这个惩戒连。这个连有大约150个像我一样的倒霉蛋。我们都只装备步枪。我们没有机枪或者冲锋枪。所有的军官都是正常的军官，不是惩戒兵；而所有的士兵和初级指挥人员都是惩戒兵。只有在你受伤，或者你的指挥员建议取消你的判决的情况下，你才能活着"逃离"那里。

我参与了一次火力侦察行动。进攻是所有考验中最难的。你知道会被击中，但你必须向对你开火的敌人冲过去。你躺下就会看到，明亮的机枪火力带（所处水平高度）越降越低，不断向你靠近，一旦它到达你身体所处的平面，就会把你切成两半。简单地说，战争就是战争，我没什么别的可以说的。这是一个"要么全胜，要么输光"的困境，所以我会尽最大努力完成作战任务。战斗之后，我的相关判决被建议取消，我被推荐到正规部队，然后他们把我送到亚速的集团军属后备第2团。在那里，他们把我派进一队准备送往坦克军官学校接受坦克车长训练的学员里。但我已经明白坦克车长该是什么样,所以我逃了。我就那么跑掉了。成为一名坦克车长意味着什么?意味着这是最糟糕的!这意味着你是一个普通士兵,但同时你要对一切人和事负责。我根本不想成为一名军官!所以当"买主"来集团军后备团给炮兵部队寻找一些补充人员的时候,我就把我的包扔进卡车跟着走了。严格地说,在那些日子里,我玩这种把戏,他们完全可以把我枪毙——但并没有。到达前线时,我发现之前人们所说的炮兵部队其实是"喀秋莎"团!这可是撞了大运了!那里吃得好,穿得很好,损失也要低得多。我很高兴最后能到这样一支享有特殊待遇的部队。有一段时间我作为摩托车司机,在团部负责跑腿和联络工作。因为他们有一辆摩托车,但除了我没有任何人能骑,军官也就没有对我进行任何调查。几个月后,在行军的时候,摩托车被德国人炸毁了,但当时不是我骑它。之后,我就被派到一个营里当侦察员。

我们在前线最害怕的是什么?死亡。每一分钟、每一小时,死亡都有可能临近。或许静静坐着,喝着茶,就有一大颗流弹向你钻来。适应这种日子是不可能的。这并不意味着每个人所有的时候都在战战兢兢地等死。死神也许会飞来,也许不会。可怕的是遭到猛烈空袭。你会感觉所有的炸弹都是直接向着你的脑袋掉下来。这太可怕了!我记得我们有一个士兵叫涅克拉索夫——他都快成神经病了。一次空袭结束后,我们在哪儿都找不到他。最后,我们在一条战壕里找到了他,但他拒绝出去!他的眼神里充满了恐惧!

一些男人带着诸如护身符、十字架等他们觉得能帮助他们活下去的东西。有些人拥有预见到死亡威胁的天赋。比如我们部队有一个高个子的格鲁吉亚人,孔德拉特·胡布拉瓦。他两次把我从死神手里救了出来,当然也救了他自己。第一次,我们被派去与一个步兵团建立通信。我们正准备通过一道战壕,突然,他对我说:"别往前走了!"我问:"为什么?""别走了,就在这里等一下!"我们停了下来,几秒钟后炮弹就击中了我们面前的战壕!我的意思是,这枚炮弹本来会杀了我们!第二次,我们是站在一座被空袭摧毁的房子里。他告诉我:"赶紧离开这里,挪到另外那个角落里。"我们挪到另一个角落,然后炸弹就直接命中了我们刚刚离开的地方。这都是奇异的事情。那种第六感——反正我是没有的。

战争结束许多年后,我曾试着了解我的坦克车组其他乘员的命运,但是国防部中央档案馆并没有他们的任何资料。

第五章
"我的坦克成为另一个牺牲者"
尤里·马克索维奇·波利亚诺夫斯基

在我八年级时，少年宫开设了一个培训青年驾驶员的学校。此后两年，我用晚上的时间在那里学习如何成为一名司机。1941年6月21日，我领到一份临时驾照，因为我当时只有十七岁。第二天，战争就开始了。

我的父亲是一个著名作家，他志愿离家走上前线。我留在后方，肩负起把我朋友们的孩子们疏散到约什卡尔奥拉——或叫作"可怕的洞"，正如它的名字一样（在俄语里这两个说法谐音）——的职责。尽管如此，我仍然提出，如果我能把这件事办好，他（父亲）就要同意我上前线。在我们疏散不久之后，我接到通知，让我去沃尔霍夫方面军的第52集团军报到。当我到达时，我给他们看了我的司机学校结业证书，然后我就成了一辆1.5吨卡车的司机。不久后，我的父亲被调往近卫第1师政治部，当时这个机构在沃罗涅日附近。

他们不让我在不跟我父亲在一起的情况下留在第52集团军，于是把我送到了普希金汽车学校。巧合的是，我刚到的时候，这个学校正转型为坦克学校。我在那里住了一年，当斯大林格勒局势陷入危机的时候，我们获准毕业。这就是为什么17岁半的时候，我就成了一名少尉和T-34坦克车长。在下塔吉尔坦克厂，我接收了我的第一辆坦克，但我开着它到达前线一个坦克团的时候，这个团的人把坦克开走了，并打发我回工厂。我第二次被派出接收坦克，是去车里雅宾斯克。

每个坦克工厂里都有后备坦克团，那里聚集着从各种地方被派来的人——从坦克学校，从医院，从前线。坦克乘员组就是在这种集体的熔炉中形成。我的第二个车组中，装填手比我父亲还大两岁。他是列宁格勒的一个老工人，偷得一手好鸡。新编成的乘员组通过以步行代替坦克的方式练习，并作为排或者连的一部分投入作战。然后，他们在靶场内练习驾驶坦克和射击。

我们收到了自己的坦克，人和坦克都是通过火车，向前线出发。1943年8月，我们在哈尔科夫附近下车，领到了弹药和燃料，作为近卫坦克第5集团军下属机械化第5军第24旅第2营的一部分投入战斗。

哈尔科夫解放后，我们转往波尔塔瓦方向。在那里，具体是科罗特奇村附近，我第一次发现自己碰上麻烦了。我们的任务是切断哈尔科夫—波尔塔瓦公路。为此，途中我们必须穿过一段铁路。铁路在高高的路堤上，与公路平行，大约位于公路以北10公里。路堤是绕不过去的，我们整个营被堵在唯一的路口前。当一辆坦克试图通过路口时——"轰"的一声，它就被干掉了。我的坦克成为另一个牺牲者。我接到预警，在路上驾驶坦克经过路口后不要继续沿着路直走，因为路口后的直路上布有地雷。所以在冲过路口以后，我选择向左拐。我们只往前开出很短的距离，德国人的一发炮弹就击中了我的坦克的发动机。车内烟雾弥漫，坦克也停了下来，我们不得不弃车逃生——否则我们都要死。我一声令下："弃车，从顶舱盖出去。"我们跳了出来，爬回己方战线。机电员没有从顶部舱口出去。相反，他决定从底舱口出来。后来，我们把坦克弄回来的时候，发现他已经死了。

我们回到部队,这时一个反间谍人员走近我,问道:"你的坦克烧着了吗?""你管这个干啥?""到了夜里,我们会派牵引车把你的坦克弄回来。如果它被烧毁了,那就不需要派了。如果它没有被烧毁,那么你肯定会因为弃车而被送上军事法庭。我们需不需要派(牵引)车?"我说:"今晚我要亲自看看到底怎么了。"那天晚上我们几个乘员一边走,一边向上帝祈祷坦克被烧毁了,祈祷德国人摧毁了它。而后来发生的情况确实如此。

我们部队里有个高尔基本地人,萨沙·别列金。上前线的时候,他已经有了个年轻美丽的妻子,还有了个孩子。他很幸运——他被指派指挥一辆装有两部电台的坦克,这辆车成为旅长的指挥坦克;旅长的位置在战线后面一点,他(旅长)可以用这辆坦克指挥战斗。但我们在铁路道口的损失太大了,没有别的坦克可以用,于是旅长派出了他自己的坦克。我告诉萨沙:"看,千万不要在道路上前进,即使看起来路上什么都没有,你也会被炸上天的。最好试试先向右转——我已经试过左转了,坦克被击毁了。"他出发了,但很显然,他一看到前面有大路就径直开了上去……于是,他没走多远,坦克就压上地雷爆炸了。战斗结束后,我们过去寻找他的尸体——他躺在那里,浑身是伤。

最后,我进了营预备队。整个营只剩下一个排,这个排被用来设伏,估计是在等待德军反攻。当时剩下的坦克里,一辆坦克的车长出去方便,结果被在他旁边爆炸的迫击炮炮弹所产生的弹片击中背部。他被送往医院,我被命令接替他的位置,担任坦克车长。我爬上坦克,敲敲舱盖,车里的乘员开了门,我对他们说:"我是你们的新车长。"

不久后,所有仍然能进行战斗的坦克都被移交给了坦克第29旅,这个旅被部署在距离前线大约5公里的地方。我永远都忘不了路过的那个叫巴尔明沃德的小村子。当时那里驻扎着一个卫生营,营里的女孩子们在弹钢琴、跳舞……我们停了下来,下了车,跳了一小会舞。你知道的,就像歌里唱的那样:"尽管我和您完全不相识……"

我们还在赶去第29旅的路上时,情况又出现了变化。在瓦尔基市附近,一些步兵拦下了我们——他们有大威力的火炮,但是没有坦克。尽管我们没有义务配合他们作战,但他们说:"请停一下,我们可以给你们弄点酒来。"这样一来,他们算是用智慧"战胜"了我们。事实上,多了三辆坦克也没太大区别——德国人在树林里部署有伪装起来的"虎"式坦克,还有大炮。

9月2日拂晓,我们三辆坦克被派出去执行一次火力侦察行动——按照军语是这么说,但事实上就是去送死。出发前,我明智地禁止我的手下喝酒——尽管步兵们履行协议,给我们送来了酒(在我们营里,有一次一个坦克手喝大了,坦克被击中起火后,他在坦克里窒息了)。所以,我们就这样出发了。德国人开火,我们也胡乱开火还击。我不得不通过潜望镜观察外面的情况,然后弯下腰,凑到瞄准镜那里去瞄准。正当我从瞄准镜往外看的时候,我们(的坦克)被击中了。敌方炮弹击穿炮塔,从我头顶飞过,我没被击中,但几块装甲碎片砸在我头上,撕坏了我的坦克帽,击伤了我的颅骨。我摔倒在覆盖着弹药的帆布上。随后坦克起火,因为坦克发动机舱也被击中了。好一会儿过后,我才发现装填手的脑袋被打碎了,他也倒下来了。驾驶员和机电员看到我们头上都流着血倒在那里,他们没意识到我只是受伤了,结果他们决定赶紧跑。他们很幸运,因为德国人看到坦克起火后,就不再注意它了,所以他们成功地跳了出来且没被看见。我身下的帆布开始燃烧,当火苗烧到我的时候,疼痛唤醒了我。我的第一个想法是:"要是火烧到弹药,我就完了。"我打开驾驶员舱盖,从里面跳出来,向后爬了没多远就失去了知觉。当我们的步兵前进发起攻击时,他们发现了我,并把我带了回去。

我很快就康复了。有一天我正站在门廊里的时候,看到一辆坦克开出旁边的坦克修理分队的大门。坦克上面有我们相邻营的标识。我向他们跑过去："伙计们,你们去哪儿?""我们把坦克送回营里去。""把我也带上。""好嘞。"我爬上坦克,身上什么文件也没带。我向旅里报到归队,然后收到了一封我父亲的信:"我们在库皮扬斯克,离哈尔科夫100公里。"我找到旅长说:"我还没有完全恢复,需要休假。"反间谍人员也支持我:"他是个好小伙子,给他五天假吧。""你会回来的,对吧?""当然!"我花了一天前往库皮扬斯克,然后那里的人告诉我:"没错,他们(父亲所在的部队)之前在这里,但是他们现在去了司徒登诺克村。"我又花了一天才到那里,到了以后——他们去顿巴斯了。我又赶过去——(我到达时)他们已经在第聂伯罗彼得罗夫斯克州了。第五天,我终于找到他们,但是我父亲不在,原来他被召回莫斯科的政治部了。我该怎么办?我可能为此上军事法庭。有人把我带到鲁西扬诺夫将军那里。"你可以继续待在这里,"将军说,"我会发一封密码电报说明情况。你可以先去军司令部当技术主任的副官,直到你父亲回来。""不了,谢谢,"我说,"请把我送回坦克旅去。"

1943年10月9日,我最终来到了近卫机械化第1军"扎波罗热"坦克第9旅[①]第2营。我和我的新乘员领到一辆坦克,13日,我们参与了解放扎波罗热的战斗。上级给出承诺,如果我们能完好无损地拿下第聂伯河水电站,我们就会得到"苏联英雄"称号。因此我们热情高涨!我们在夜间借着车灯的光芒发起了进攻。在城市前面,有一道积满了水的壕沟。我们让几辆牵引坦克(没有炮塔的坦克)冲进壕沟,然后把它们当成一座桥,从而通过壕沟。我们冲进了城市。德国人通过大坝撤退到霍尔季察岛上,炸

[①] 此处关于坦克第9旅的称呼有两处错误:该旅为近卫部队,应被称作"近卫坦克第9旅";该旅因参与解放扎波罗热的作战,确实获得了"扎波罗热"荣誉称号,但在波利亚诺夫斯基到达该旅第2营时(即1943年10月9日),该旅尚未完成相应作战并获得该称号。

掉了大坝的一部分，以及一些还没来得及撤过去的他们的人。我们碾轧了那些还留在这边岸上的德军，我们的扎波罗热战役就此结束。

此后，近卫机械化第1军撤到波尔塔瓦进行休整，但是我所在的第9旅、坦克第20团，还有机械化第3旅的一个摩托化步兵营被派往第聂伯河上游的新莫斯科夫斯克。我们前进了大约100公里，强渡第聂伯河，然后继续向西前进。我们不知道我们该去哪儿，一路上甚至没有遭遇德国人的抵抗。我不再担任坦克车长的职务，而是被任命为旅部的联络军官。这个旅由穆拉什科中校带领，他是个勇敢的人。

我们抵达了赫尔松—兹纳缅卡铁路，所处位置距离第聂伯河大约100公里。我们在恰巴诺夫卡车站附近切断了铁路，并在几公里外建立防御阵地。旅部布置在沙洛夫斯基国营农场。同时一个营向巴甫洛夫卡村前进，另一个营去往基洛夫格勒。他们当然没有占领城市，但是他们对城市开了火。不久，我接到一个任务，把两名刚刚抵达的军官（一名少尉和一名上尉）带到第2营，该营部署在距离巴甫洛夫卡2～3公里的地方。在路上，我们看到一片沼泽地里有一辆原属于第1营、现已废弃的坦克。我们还发现车上曾经铺了芦苇，但现在已经被烧光。

坦克的乘员也不在附近。附近只坐着一个老人，而且坐在他的临时掩体旁边。我们问他："这是谁的坦克？""一些士兵伪装好了，但德国人发射燃烧弹的时候，他们就跑了。""德国人靠近过坦克吗？""没有。"然后，我对两名军官说："我们干吗非得步行？上车吧。"那个上尉库兹缅科说："不行！"我回答道："来吧，一起上。"我们跳进坦克。蓄电池没电了，但我用压缩空气发动了坦克。我们驾驶坦克到达那个村子，找到了副营长科津大尉。"看这儿，我们给你们带来了一辆坦克。""好啊，我们在沼泽地里损失了一辆坦克，但现在这样我们就不用上报了。开到卡尔达耶夫的连里吧。他在伏击阵地那边有两辆坦克。跟他们一起打吧。""可是我没有乘员。""带少尉一起去。你当炮手,他当装填手。"

我们到了卡尔达耶夫的连所在位置,给坦克挖了掩体。突然,一队德国坦克从米特罗法诺夫卡村出来,并且冲向我们。德国人可能有50辆坦克!我们只有3辆,还没有燃料!我们曾在新莫斯科夫斯克补充燃料,之后就再没补充过。我们开始射击,击中了对方几辆车。司令部在战斗后记录的是,我们击毁了8辆敌坦克。我不太确定这个数字,但肯定有几辆敌方坦克被我们打着了。剩下的敌人很快包围了我们。我们放弃坦克,只来得及卸下炮闩,然后就跑了。我曾用手枪射击,但子弹打光以后就把它扔了,只剩下一枚手榴弹。我暗下决心:"我宁可自杀,也决不被俘。"一辆德国装甲运兵车一边开火一边向我开过来,但是它的火力没有击中我。子弹从我身边擦过,我本能地摔倒在地。他们(这辆车上的人)大概觉得我已被打死,就从我身边开过去了。我就这样陷入了敌人的包围,不过我的战友们跑出去了。等枪声平息下来,我站起来,开始向东走。在晚上,我到了恰巴诺夫卡车站,看到不远的地方有小火苗,就继续向那边前进。

有个俄罗斯小伙子和他的妻子在火堆附近,正在弄吃的。他叫伊万·巴霍莫夫,一个铁路工人。他说:"你为什么穿着军服走来走去?我们去换一身。"他把我带到一个地窖里:"把衣服脱下来,这有工作服。你可以告诉别人你是个工人。"我刚换完衣服,一些德国人就开着摩托车过来了。他们没找我们的麻烦。伊万对我说:"我们准备去会让站,我妻子的姐姐住在那边。你跟我们一起走吧。"他有德国人发的证件和工人的蓝臂章,他把臂章给了我。我们到了会让站,在那里,伊万的连襟萨沙·恰波列夫对我说:"你必须说你是我的兄弟,住在克里沃罗格,现在俄罗斯军队在前进,你被迫逃了出来。"早上,我们一起去工作。那组工人的头头梅列楚克怀疑我说的并非实情,但他仍然帮我遮掩了过去。我就这样在铁路上干了六个礼拜。德国人四处搜查,寻找被包围的我方士兵,我看到他们抓走了旅长的副官奥西波夫中士。我抓住机会和他说了几句。他告诉我旅长穆拉什科已经阵亡了。

我方的战线慢慢向前推进。一天，德国人命令所有铁路工人撤离。他们弄来一车炸药，从两边爆破每段铁轨，把每条枕木截成两段。看到德国人准备逃走，我们一共六个人决定去会让站附近一处用来储存工具的土窑，在那里藏起来。不幸的是，我们虽然藏起来了，却愚蠢地一直在大声交谈。德国人听到了，把我们从土窑里面拉出来。除了我，每个人都拿出了德国人发的证件，而我什么都没有。那个工头梅列楚克很了解德国人，他救了我——他说我的证件正在重办，还没有办好。

德国人带我们沿着铁路走向会让站，在那里，他们把我们扔进道口看守员的小屋，这个屋子三面都有窗户。挨着墙的地方有条长椅，看管我们的卫兵坐在长椅上，附近还有条挖得很深的战壕，用来躲避轰炸。卫兵坐下，开始用德语聊天。工头帮我们翻译："他们在琢磨怎么处理我们。带去司令部的话路太远了——两地相隔12公里。俄国人抓住他们怎么办？如果他们把我们放走，俄国人会拉我们当兵。他们准备枪决我们。"就在那时，我们上方的一架强击机发现了德国人，向他们开了火。他们跳进战壕，而我们从窗户跳出去，开始逃跑。德国人看见我们逃跑或许会很高兴——这样他们也没有什么麻烦了。过了一段时间，我们听到悦耳的用俄语叫骂的声音——我们的军队！我立即意识到这几个伙计在未来几天里都会被拉进军队，而我就永远不可能证明我没有和德国人进行什么交易。我跑到近卫第5集团军下面一支分队的反间谍人员那里，说明了一切，他们立刻把我锁到了地窖里。随后，他们把我从一个村子带到另一个村子："好吧，你没有被德国人抓住——在这儿签个名。但是，德国人给了你什么任务？"他们这么折腾了三个礼拜。

外面已经是严冬——12月了，但是我仍然穿得很少。在其他犯人中有个留着黑色大胡子的,他有件很棒的外套。我本来会被冻死,但是他把我抱起来,把我一起裹在衣服里。德国人指派他当村长,所以我们的人过来的时候,那些对他不满的人马上告发了他。他告诉我:"当然,我不能拒绝执行德国人的命令,但是我尽力阻挠了他们。我甚至和游击队有联系,但是现在他们跑远了。我该怎么办?"然后,他被带走了,再也没有回来。我问了卫兵,卫兵说他被带到别的地方去了。后来,他们又叫我去接受审问,我一出门就看见他(那个村长)被绞死了。

我的父亲得知我被人发现后,他带着鲁西扬诺夫将军写的一封信来到新普拉加,信里说把我带到近卫机械化第1军进行审查。我去了机械化军所在的波尔塔瓦。他们立即把我释放了,并指派我到一个机械化旅的步兵连当副连长。慢慢地,一切尘埃落定,尽管我在夏天留下的伤口发生了感染,我不得不一次次往卫生营跑,以便接受治疗。

一次我从卫生营回来,一名军官走过来对我说:"少尉同志,军事法庭庭长杰多夫中校叫您去一下。"他们就把我拉到那里去了。庭长对我说:"在审判中,你来担任人民陪审员。"但我自己被调查的事情才刚刚结束!"那都不是事儿。"他们还找来了另一名军官,我们两人就干起陪审员的活来了。法庭上有两人受审——真没什么事儿。休庭以后,我说我不会在庭审文件上签字。第一个案子中,两名哨兵看守一些仓库存货,其中一人被杀了。有人开枪。那个活下来的哨兵被控枪杀他的战友,但没有证据能证明他的罪行。军事法庭的工作人员告诉我:"签了这些文件,我们会把他送到惩戒连。""不,我拒绝签字。"另一个案子牵扯到一个来自西乌克兰的小伙子。德国人还在那里的时候,他们把农民召集起来说:"把你们的马带上,来运石头,干这个干那个。"等到我们解放那里,这个人被红军抓了壮丁,然后他告诉别人德国人让他搬运东西。他随即被指控为德国人服务,并被判处枪决,但很快改判为送往惩戒连。可是那里所有的人都曾被迫为德国人干活！毕竟他没有跟德国人一起撤走，所以为什么要单独对他进行审判？按这种逻辑，即使我也可能被审判，因为我在铁路上给德国人干过活！可以说，这种事情很难用简单的是非对错加以判断。我也曾经遭遇这样的事情，但我并不责备反间谍人员，一点也不。

不久后，我又被逮捕了。事情是这样的。看来在我们军（该部队在波尔塔瓦待了一年）被派往前线之前，师部曾收到一条密码情报，要求他们对所有不可靠的人进行检查。我们的反间谍主任和我父亲——政治部主任被叫到莫斯科，政治部的二把手基谢列夫就被留下来顶替我父亲的位置。他和我因为一个女人——薇拉·斯米尔诺娃——发生了争执，基谢列夫也喜欢她。我不能说她很漂亮，但是当时姑娘们在我们眼里都是美人！我和她很快成了朋友，但两人之间没有什么亲密的关系。一天晚上我去她那里，并在那里过夜，这时候基谢列夫来了。为了摆脱他，斯米尔诺娃对他说："我未婚夫在这里。""给我看看！"我就出来了。所以，为了把我赶走，基谢列夫把我的名字也放入了不可靠人员的名单里。1944年11月12日夜里，我正在屋里躺着——不是一个人，而是跟一个护士一起。基谢列夫派来一些人，他们敲门，房主开了门，他们问道："那谁和那谁在哪儿？"他们逮捕了我，我告诉那个护士："赶紧跑，什么也别跟别人说！"

他们把我和别的犯人带到哈尔科夫。在那里，他们把我们集中到拖拉机厂，德国人曾在这里设有一个战俘营。我们没在那里待多久，很快就被转送到莫斯科附近的谢尔宾卡，此地所建立的第174特种营用来甄别曾经被敌人俘虏或者包围的军官。有两种方式能离开：被送进监狱，或者到惩戒营当士兵。但是他们对我们还不错。他们没有试着恐吓我们，只是反间谍人员会不停地试图在我们的话语中寻找自相矛盾的地方。我们有64个人，挤在一个小房间里。你只能斜着躺在地板上。即使是冬天，屋里也没有取暖的东西——里头其实很暖和。我们都没少放屁，因为我们只有坏的卷心菜吃。一天，我被调查人员叫去："你的文件到了。一切都很清楚，你应该被释放了。但是你在这里浪费的时间太多，你还是得去惩戒营。你是坦克手？你了解DT机枪吧？""是的。""步兵用的也是一样，只不过有脚架。你将担任机枪手，军衔为列兵。如果你干得好，你的军官军衔会被恢复的。"

我试着把我的处境告诉家里人。简直是奇迹，我居然找到人给我婶婶送了封信，她又带着信找到了装甲坦克兵司令马尔科夫将军，我是通过我父亲认识他的。很自然地，他想了办法，在1944年12月31日，我被释放了。马尔科夫将军说："你要花一个半月学习下技术装备，从特种营出来后休息一下，然后你就去你的部队吧。"后来，在1945年的早春，我被派往近卫自行火炮第382团，在一个SU-100自行火炮连担任负责维护装备的副连长。我们一路战斗，向阿尔卑斯山方向推进；在冲过巴登-巴登之后，战争结束了。

战争结束时，我所在的第9旅正在林茨，我们在那里缴获了一大批德国车辆，包括卡车、小汽车……各种各样的，你就想吧。作为负责维护装备的军官，我被命令为团里挑选一些汽车。5月9日我们抵达那里（德国车辆所在地）的时候，我碰上了我的朋友马克斯·伊万诺夫，他是一个营的装备维护军官。"忘了那些车吧，"他说，"我们去和我们的盟友喝一杯，然后你再去开你那些车。"那里（庆祝胜利的地方）已经有美国人了，还有作为战利品的一大桶酒——庆祝胜利的一切都准备好了。我说："如果我喝酒，就会喝得醉醺醺的，什么也没法挑了。让我先把车挑好吧，然后我们一起喝两口。"我们就走了。突然，我们听到尖叫和很大的噪音，就赶紧跑了回去。那些庆祝的人倒在地上，口吐白沫。有些人已经死了，有些人失明了。最后，我们发现那个桶里装的是防冻液，主要成分是甲醇。18个美国人和22个我们的人死了——就在胜利日那天！

第六章
"火光照得战场如白昼一般明亮"
亚历山大·米哈伊洛维奇·法金

1924年10月10日，我出生在下诺夫哥罗德州的阿尔扎马斯区克尼亚泽夫卡村。

1941年6月22日，我起得很晚，大概是早上十点。我洗了把脸，吃完早饭，决定去看我姊姊。我到她那里时，发现她哭了。我问她出什么事了，她告诉我战争爆发了，她丈夫帕维尔已经去当地的兵役局报名上前线了。我急匆匆地向她告了别，就前往高尔基河业学校的宿舍，当时我在这个学校学习。在我回学校的路上，电车里的每一个人都不觉得这场战争会打很久。"这事就好比狗咬了大象。"有人这么说。

6月24日星期二，我去了兵役局。前面的广场上人山人海。人人都想找到兵役委员。我不知道怎么办，但是我成功挤进大楼，在走廊见到了一名政治指导员。他问我为什么要到这里来，我告诉他，我想上前线。在知道我的年龄后，他说："这样，孩子，继续好好学习吧。仗还有的打呢！现在，你看，我们有足够多的志愿者。"一个月后，我又去了兵役局。按照一个朋友给我的建议，我虚报了两岁。我接到了体检卡，被高尔基第二汽车摩托车学校录取了。

他们把我们带到伊利因诺，我们在那里吃了顿饭，然后得知我们隶属于摩托车第3营第9连。第二天，我们就开始了学习。我们学习军事条令，全连列队唱着军歌前进。我们每个人都用木头做了假枪。8月7日，我们宣誓，然后第一次去洗蒸气浴，又领到了夏季军装。不久后，我们有了真的武器。

我们的课程从带挎斗的AM-600型摩托车开始，然后是IZh-9型摩托车，接下来换成刚刚装备红军的新式M-72型摩托车。我们分成几个班进行理论学习，还会上训练场实习。在当时，就连自行车也是奢侈品，不是每个人都有，所以许多学员不知道怎么骑车。于是，在拿到摩托车前，他们首先要学习骑自行车。

1941年的冬天非常难熬。12月的温度低达零下42~45摄氏度。当时冷得可怕。教室里的温度比外面也高不了多少，但如果在野外进行战术训练，我们至少能四处活动，保持身体的温度；在教室里，我们却不得不坐得板板正正，听教官讲课。此外，我们穿的东西非常少，只有布琼尼帽、棉大衣、有暖和的裹脚布的长毡靴、夏天的内衣，以及有一个手指的连指手套。

那时候，从火车站前往我们这边的铁路已经彻底被雪封住，这就意味着整个12月里，学校不会得到任何食物补给。整整一个月时间，我们每天只有两片面包果腹，而不是我们日常的700克食物的定量。此外，我们一天能得到五块糖，每顿午饭和晚饭则是一碗红菜汤。尽管如此，我们并没有失去信心，仍然坚信这只是暂时的困难。

1941年11月，当德国人兵临莫斯科城下时，整个高尔基第二汽车摩托车学校致信斯大林同志，要求上前线。两天后，我们收到了斯大林的电报。在电报中，他感谢了我们的热情，但是告诉我们祖国要等一段时间才需要我们，并且要求我们更加努力学习，以便早日投入战斗。电报字里行间告诉我们的最重要的信息是,莫斯科决不向德国人投降,这就是最重要的。事实上,仅仅几天后,我方就发起了反攻。

1942年3月,在完成了成为摩托排排长的八个月课程学习之后,400名学员被学校送到前线。我们这些摩托车第3营的学员奉命继续学习,但改为学习汽车排排长的课程。我们在6月完成学习。7月底,我们被送往莫斯科的"火星"第三工厂进行实习。完成实习后,我们回到学校,准备毕业考试。

8月下旬,我们曾在夜里进行紧急集合,且每个学员都被送往卫生部门进行体检。有100名学员通过体检,包括我。我们得知了最高统帅斯大林同志的一项命令,将汽车学校更名为高尔基第2坦克学校(那些没有通过体检的学员作为汽车排排长毕业了)。我们这些年轻学员听到命令后,兴奋地高喊"乌拉!"但是那些曾经参与哈拉哈河会战、苏芬冬季战争、解放西白俄罗斯和西乌克兰战役的年纪大的学员,则说:"你们高兴个啥?你们会在铁皮盒子里被烧死的。"我们很高兴曾接受有关汽车排排长的训练,因为这让我们很容易转到驾驶坦克的课程上继续学习。

1943年4月上旬,一个政府委员会来到学校,对第一批毕业生进行检查。对装备和武器使用的检查是最重要的考试科目,如果学员拿到4分,会被任命为少尉;如果拿到5分,会被任命为中尉。我以5分的成绩通过了装备考试。

接着,我参加了射击考试。根据考试程序,我们应该在短暂停车的时候开火。如果学员能在8秒以内开炮,就能得5分;9秒以内是4分;10秒以内是3分,这属于及格水平;如果10秒时间里没有完成射击,就是不及格。然而,我想我是学校里第一个在移动中完成射击的学员。

在训练中,我们用的是一台原始的机器学习如何开炮——一个秋千一样的东西,学员必须自己来移动它。然后,我们被带到一个设置在集体农庄田地里的射击场。靶子由拖拉机用大概300米长的绳子拖着。我们的射击距离是1200米到1500米。所有学员都害怕会失误击中拖拉机驾驶员！我们的营长是个老兵，曾在战斗中丢掉了他的右手。他经常告诉我们："你们停车的时间越短越好，不停最好。"当我告诉伙计们我要试着行进中射击的时候，我们的连长格拉兹科夫上尉让我别胡闹，但我下定决心要试一试。我成功了！我一炮就干掉了模型坦克！格拉兹科夫赶忙跑过来，咆哮道："我警告过你，你这个讨厌的学员！你万一打偏了怎么办？"随后他就骂我。然后，营长开着车过来问："谁干的？""学员法金，一个没头脑的家伙。""什么？他干得漂亮！你应该把他们全教成这样，在行进间射击。"

所以在射击考试的时候，他们允许我在（坦克）行进中射击。但是考官，他的军衔是中校，也警告我说："记住，如果你三发全部射失，你想以少尉身份毕业都不成，你只能当上士。"我进了坦克。我的驾驶员是一个很有经验的教员。当我接到"准备战斗"的命令时，我立即凑到瞄准镜前做好准备。射击目标快要进入射程的时候，驾驶员说："等一下，我们马上会开到一块平地上。"我把目标放进瞄准镜的十字线，开炮——模型坦克消失了！接着，我又干掉了第二个目标：一个步兵集群。这是我最开心的时刻！我们驾车回到出发点，中校跑过来，和我握手，然后把他的手表摘下来作为礼物送给我。然而，其他所有的学员都不敢像我那样射击——射偏的风险太大了。

1943年4月25日，我被任命为中尉。5月上旬，我被派往112工厂的后备坦克第3团。我所指挥的坦克乘员包括驾驶员兼机械师瓦西里·杜波维斯基上士，他生于1906年，在1936年曾经担任苏联中央执行委员会主席米·伊·加里宁的私人司机。我的炮手是下士戈卢边科，生于1925年。机电员是1919年出生在敖德萨的瓦西里·沃兹纽克。

1943年5月下旬，我们补充连的准备工作基本完成了。5月30日，我们从工厂接收到崭新的坦克，并开着它们去射击场，那里已经给我们立好了靶子。我们快速展开成攻击队形，用实弹发起了一次进攻。然后，我们在集结区编队，开往火车站，准备去前线。6月上旬，我们在库尔斯克州的马林诺车站卸载装备，然后被编入"斯大林格勒"近卫坦克第5军的近卫坦克第22旅坦克第207营。这个坦克营在战斗中已经精疲力尽。7月11日，我们先是吃早饭和检查车辆；到了中午，我们接到命令，以连为单位列队。之后，按营参谋长宣读的名单，一些已经拥有作战经验的战士加入了我们的队伍；而一些刚随火车前来、早先没有参与过战斗的战士走出队列，被送往预备队。如此一来，我从坦克排排长降级成了坦克车长。次日，我们的进攻开始了。

三发红色信号弹腾空而起。在前进几百米后，我们看到了前进的德军坦克。双方都进行射击，"喀秋莎"火箭从我们头顶上飞过，德国人的防御工事随即笼罩在尘埃之中。此时，坦克战斗开始了。我从没想过我会身处这样一个修罗场！最糟糕的事情是在混乱中迷失方向，撞上最近的坦克。在我开了两炮以后，可以说我已经打疯了，我只希望德军坦克进入我的视野，然后将其摧毁，但直到下午我才取得战果——是一辆四号坦克，被我打中后立即起火。随后，我发现一辆右侧挡泥板插着旗子的装甲运兵车，并用两发杀伤爆破弹击中了它。炽热的碎片四处横飞。漂亮的一击！之后，我继续前进，试图跟上全连的进攻锋线。黄昏时候，德国人开始有组织地撤离，我们占领了恰巴耶夫村。到第二天黎明时分，我们原来的65辆坦克只剩下了18辆。我们洗了把脸，吃了点东西（虽然大家不是特别饿）。接着，我们再次投入战斗。

对我来说，进攻行动是在7月16日结束。这一天里，我的坦克被击中两次，着了火。当时，我们旅只剩四五辆坦克还能正常运行。我们从一片向日葵田的边上路过。想象一下——此时已经是进攻的第四天,我们在这几天里几乎没有睡觉,完全累垮了。敌军第一发炮弹击中我们坦克的一个负重轮,把它打掉了;第二发则打中发动机。我们逃了出来,藏在向日葵田里。在返回己方战线的路上,我看到有四辆T-34在距离我们大概300米的地方。正当我准备走过去时,我的驾驶员抓住了我的手:"停下,中尉!你没看见坦克上面的德国铁十字标志吗?是德国人在开我们的坦克!""该死的,没错。我猜就是这些人击毁了我们的坦克。"我们趴下,等待坦克过去。然后,我们走了大约一个半小时。我们偶然撞上了营参谋长(他后来在解放基辅的战斗中牺牲):"你们干得漂亮,中尉。我已经建议授予你'近卫军士兵'的称号。"(你想什么呢?!如果你在近卫军部队,你就立刻成为近卫军战士了吗?!不!只有当你参与第一次战斗,并证明你能够作战,才能被授予这个称号。)

进攻实施四天后,学校的62名毕业学员中,只有7人依然存活;到1944年秋天,还活着的人只剩2个。

我们被送到营预备队,在这里好好休息了几天,这段时间的伙食也很好(不过这里需要补充一句,尽管1943年时学校给我们吃的东西挺不错,但在1941年和1942年,大家营养不足的问题其实仍很严重)。现在我的食量比我在和平时期的任何时候都多得多——在战时,我只想着能吃多少就吃多少。我能全吃下去。然后,我们开始准备别尔哥罗德—哈尔科夫进攻战役。我没有得到新的坦克,但我被任命为旅部的联络官。我在这个位置一直干到10月14日,然后我受令接管牺牲的尼古拉·A.波利扬斯基近卫军中尉的坦克。我必须感谢旅参谋长米哈伊尔·P.沃辛斯基,他让我在两个月内成为一名真正的军官,因为我可以看地图,了解一个坦克连、一个坦克营甚至一个坦克旅的日常工作。这些东西不是一个纯粹作为坦克车长、排长甚至连长的人所能理解的,除非他和参谋部一起工作。

我找到了波利扬斯基的坦克，向乘员们走去。驾驶员兼机械师瓦西里·谢米列托夫，正在维护传动装置，其他三名乘员躺在附近的地上——并且，我注意到，他们都在仔细打量我。他们都比我大得多，除了装填手戈卢边科，他曾是我的第一个车组中的一员，和我的年龄差不多。我立刻感觉到他们不喜欢我。很明显，我必须立刻成为他们的领导和指挥员，否则就永远不会再有机会。如果没有成为他们的领导和指挥员，那么坦克和乘员将在第一次战斗中就死掉；或者，更可能的是，乘员们会假装生病，尽可能避免参与行动。

我在旅参谋部工作期间学到的自信心帮了我大忙。我严肃地说："这是什么样的坦克？为什么乘员都躺在地上？"最年轻的乘员、中士戈卢边科站了起来，报告道："中尉同志！坦克乘员刚刚完成（对坦克的）修理，在等待新车长。""稍息，同志们。请大家到我身边来。"他们服从了命令，虽然动作很慢。他们走到我面前，满脸胡须，衣冠不整，手里还拿着烟。我向他们敬礼，进行了自我介绍，并告诉他们，尽管我听过许多对他们的已故车长和他们自己（作为已故车长的乘员）的夸奖，但这些表扬似乎并不名副其实。然后，我走到坦克前面，突然下令："集合！"他们立即集合，但没扔掉香烟。我说："别抽了！"他们不情愿地把香烟扔在地上。我告诉他们，在这样一辆不干净的坦克里，跟一群陌生的乘员投入战斗，是一件很不愉快的事情："我看得出来你们也不喜欢我，但如果祖国需要，我将尽全力，按照我学的方式，投入保卫国家的战斗。"我看到年纪大的乘员收敛了笑容。我问乘员们："坦克运行一切正常？"驾驶员说："是的，但是转动炮塔的电动马达坏了，我们也没有合用的备用履带板，手头的三块（履带板）都装着防滑齿。""那我们就这样去战斗。上车！"他们多多少少地服从了我的命令。我爬上坦克，告诉他们去阿维季西扬的连。

我打开地图，找到我们当前所处的位置，指出了去瓦尔基村的路。途中，我们在新彼得里夫采郊区被德军炮兵发现了。我们不得不把坦克藏在一座半毁的建筑物的墙后面，等待黑暗降临。给坦克熄了火，关上发动机，我向乘员们说明了我们的目的地，以及我所进行的机动的目的。装填手戈卢边科说："你把地图用得很棒，中尉！"机电员沃兹纽克补充道："看起来你也很了解战术。"只有驾驶员谢米列托夫沉默了，但我看到他们这些乘员的冷淡已经消失。现在他们相信我。等天色黑下来的时候，我们溜了出去，在德国大炮和迫击炮火力的"护送"下到了连队。我们为坦克挖了一处掩体，彻底把它伪装起来。

我们旅被安排参与对基辅的进攻。进攻准备是在1943年11月2日，所有坦克车长、排长、连长在营长的土窑掩体里听取指示后开始的。当时很暗，下着小雨。我们有十三名军官，以及三名（自行火炮）车长。旅政治部主任莫洛卡诺夫中校简单地向德米特里·楚马琴科营长描述了我们的任务。从他的话中我了解到，进攻在第二天早上八点开始。

当天晚上，除了哨兵，我们所有人都睡得像木头一样。11月3日早上6:30，我收到了我的早餐，然后我决定在外面而不是掩体里吃掉它。我们沿着掩体坐成一排，旁边就是蒸汽腾腾、烟雾缭绕的营炊事车。我们刚坐下来，敌人的大炮就开火了。我只来得及喊了一声："所有人都趴下！"一发炮弹落在我们后面七米到十米的地方，且炮弹碎片没有击中任何人。下一发炮弹击中十米外的地面，但没有爆炸，只是快速翻转着在空中飞过。它在途中刈倒了一个在它路径上呆住的士兵，扯下了野战炊事车的一个轮子，掀翻了野战炊事车和仍然在分发食品的炊事员，穿过房子的一角，最后落到了街对面的花园里。敌人开了两三轮炮后就安静了下来。在这之后，我们也忘记了吃早餐。我们拿起自己的东西，爬进我们的坦克，等待攻击的开始。我们的神经紧张到了极限。

很快，我方的火炮响了，我下令："启动发动机！"当我看到三发绿色的信号弹划过天空时,我下令:"前进!"在我们面前扬起的烟雾和灰尘如同一堵厚厚的墙,透过烟雾,我能看到爆炸产生的闪光。通过这些不时出现的闪光,我可以判断个别炮弹爆炸的地方离我越来越近。坦克猛地一颤——我们刚刚越过我方的前沿战壕。我逐渐平静下来。我突然意识到,我们的步兵同样冲锋向前,一边行进一边射击。位于我左边和右边的坦克也在射击。我从瞄准镜往外看,但除了倒下的树木,什么也看不见。我对装填手说:"杀伤榴弹!""收到,杀伤榴弹!"戈卢边科回答。我对着树林开了第一炮,因为我以为这是敌人的第一道战壕。当我看到我发射的炮弹爆炸时,我完全平静下来,感觉就像是在训练靶场进行日常练习。我向着四散奔逃的穿着鼠灰色军装的德国佬,用主炮发射炮弹。向恐慌的敌人开火让我兴奋起来,并下令:"加速!"然后我们发现一片森林。谢米列托夫迅速减速。"不要停!""但我应该往哪里开?""向前,只管向前!"伴随着坦克的老式发动机的轰鸣,我们撞倒了几棵树。右边是万尼亚·阿巴申①(我的排长)的坦克。它也撞倒了一棵树,并继续向前。我从炮塔舱口探出头来,看到一条小路通往森林深处,就给我的乘员指出了方向。在我的前面、左边,我都能听到我方坦克的主炮射击所发出的声音,以及纳粹反坦克炮发出的吼叫。至于右边,我只能听见坦克发动机的声音,但没有看见坦克。

  我的坦克继续沿小路进入森林。我认为我应该保持警惕,便有规律地沿着小路开枪开炮。森林里的树木越来越稀疏,突然我们来到一块很大的空地。我看到德国人穿过空地四散奔逃,于是继续开炮。这时,我看到空地另一边的小山丘上有猛烈的自动轻武器火力射过来。一群德国人的身影在小丘之间时隐时现,突然,我看见一门反坦克炮开炮所发出的

---

① 即后文提到的伊万·阿巴申,"万尼亚"是"伊万"的昵称。

闪光。我用机枪打了个长点射,对装填手喊:"杀伤榴弹!"然后,我感觉到我们的坦克被撞了一下,好像坦克撞上了一个结实的障碍,停止了一秒钟,然后继续前进,左转。又一次,如同在训练场,我发现了一群德国人待在反坦克炮边上,随即向他们开火。我听到费奥多尔·沃兹纽克大喊:"反坦克炮和炮手都被炸成碎片啦!"驾驶员喊道:"车长,我们坦克右边的履带坏了!""从底舱口离开坦克,修理履带!我会提供掩护火力。"已经有一些坦克进入开阔地了,还有些步兵紧随其后。我们花了一个小时,使用带防滑齿的履带板(我们没有普通的平履带板)重新接上了履带。这还不算完,当坦克因右侧履带脱离车身而绕着左侧履带打转时,整辆车陷进了一片沼泽;我们前方偏左大概十米的地方有一片雷区,德国人特意把它设在空地的干燥区域。所以我们不得不倒车脱困,而不是向前行进。这又花了我们两个小时。

我们在夜幕降临时才赶上(本营的)大部队,当时德国人成功地在他们的第二道防线上阻挡了我们。11月3日至4日的夜里,我们给坦克补充了燃料和弹药。我们还抓紧时间休息了一下。11月4日黎明,楚马琴科召集他手下幸存的坦克车长,把我们带到前线进行侦察。前一天开会时接到消息的13名车长,此时还剩下9名。3辆自行火炮仍然跟着我们。我们到达了步兵的战壕,楚马琴科说:"你们看到300米外那些原木做成的坚固路障了吗?""是的。""敌人在那些障碍后面,所以我们的步兵甚至抬不起头。赶紧开到这片空地上,组成战线,攻击敌人。"为什么德国人没对我们开火呢?一队军官就站在他们的防御工事前面的空地上,我想不通……

我们把战车开到空地上,开始进攻。我们成功攻下了路障,德国人逃跑了。我们沿着深入树林深处的小路追赶他们,在晚上,我们到了森林边上的文诺格拉达集体农庄。一个营的德国坦克,包括"虎"式,在那里发起反击,我们不得不撤退到森林里建立工事。德国人走向森林,派出三辆中型坦克在前,而主力排成两列纵队向森林深处运动。天已经黑了,但德国人决定进行一场他们通常会避免的夜战。

我的坦克被命令堵住主要的道路。右边稍微后面一点的地方,万尼亚·阿巴申的坦克会掩护我,而左边是辆JSU-152。敌人的先头部队更加深入森林,但我们把他们放了过去,此时其主力正在逼近我们。我根据发动机的噪音判断,他们有一辆"虎"式坦克领头。

我对驾驶员谢米列托夫说:"瓦夏,向前移动一点,慢慢地,因为前面的树遮挡了我的射界。"经过四十八小时的战斗,我和乘员们已经成了很好的朋友,我几乎不需要说话,他们就能理解我的想法。换了个好点的地方后,我看到了敌人。我等不及谢米列托夫停下,就对着在前面领队的德国坦克开了一炮,它离我大概五十米远。纳粹坦克的前部亮起一道闪光,然后突然起火,照亮了整个德军纵队。驾驶员兼机械师谢米列托夫喊道:"你这该死的,中尉!你为什么开炮?我还没关上舱口!现在的硝烟弄得我看不清东西了。"但在那一刻,我忘记了一切,除了敌人的坦克。

没有等我下命令,戈卢边科就向我报告:"装弹完成!"第二辆德国坦克从起火的那辆身后显现出来,我用刚装好的这一发炮弹将它干掉。这辆也着火了。森林如同白昼一般明亮。我听到伊万·阿巴申的坦克主炮射击所发出的声音,以及左边152毫米自行火炮的长啸。通过瞄准镜观察,我现在可以看到好几辆德国坦克在燃烧。我对我的驾驶员说:"瓦夏,向燃烧的坦克靠过去,否则德国佬会逃走的。"凑近到几乎已经紧贴着第一辆烧着的坦克的右侧时,我发现了下一个目标——一辆突击炮。它被我的炮弹击中,然后爆炸了。我们追着敌人,一路推进到维诺格拉达里国营农场,然后我们停下来整队。我们吃了点东西,准备对前方的城市发起决定性进攻。

旅长科舍廖夫上校和政治部主任莫洛卡诺夫中校在11月5日上午

来到我们这里。幸存的七辆坦克和三辆自行火炮的乘员在战车前列队。指挥员们对我们讲了话,告诉我们,最早进入基辅的战士将得到"苏联英雄"的称号。

三十分钟后,我们组成战斗队形,开始攻击。我们迅速占领了普夏沃金察的南郊,穿过斯维亚托舍诺,然后切断了基辅—日托米尔公路。一道挖掘于1941年的反坦克壕挡住了我们的去路,但为了进入城市,我们必须冲过去。我的坦克开进沟里,被卡住了——发动机吼叫着达到最大转速,从排气管喷出的火焰足有半米长(这意味着发动机严重磨损),但坦克还是冲不出反坦克壕。为了增加牵引力,我大声地对驾驶员说:"挂倒挡,先向后退出来!"这样我们到了第一条街道。这时出现了另一个技术故障!我们在森林里修理坦克时不得不使用了带防滑齿的履带板,但现在坦克开到了硬化路面上,十厘米长的防滑齿将车体从右边抬高,这意味着坦克没法正常瞄准并射击目标。所以我们停了下来,从另一辆坦克那里借了一段履带,开始修理自己的坦克。

我们营接到命令,向市中心挺进。领头的坦克到达一个丁字路口时突然起火,然后失控向右拐,撞上了位于角落的一座房子。坐在坦克上的侦察兵被甩了下来。阿巴申中尉和我对一辆正试图逃跑的德国自行火炮开了火,我的第二发炮弹击中它的后部,把它打瘫在那里。过了一小会,营长楚马琴科快步赶到,命令阿巴申中尉的坦克打头。收到"前进"的信号后,我们继续前进,很快就到了克列夏季克大街。基辅解放了。

在晚上,我们接到命令:离开城市,向瓦西里科夫前进。然而,在渡过一条小河时,我们的坦克被卡住了。由于发动机状态太差,坦克无法脱困。我们不得不找来一辆牵引车,把坦克拖到维修厂。修理工人试着修复坦克,但经历七天的辛苦劳动后依然徒劳无功。他们告诉我,我的坦克在野战条件下不可修复;他们还补充说,1944年之前,坦克肯定回不来(也就是没法用来作战)。这是我在基辅一带最后的战斗。关于"苏联英雄"称号的获得人选,楚马琴科推荐了我和其他六名坦克车长。

在我为接下来的战斗进行准备时,我被允许为自己的下一辆坦克选择最好的乘员,因为我不得不和老搭档们分手。我可以毫不夸张地讲,有些人专门请求成为我的搭档。然而,我没有对指定给我的坦克乘员名单做任何调整,除了驾驶员。我的机电员是一个年轻的家伙,克列谢沃伊(我不记得他的名了);装填手是一名鄂温克族的大士,他的姓和名我都彻底忘了。营里几个有经验的驾驶员建议我选择彼得·秋林当驾驶员。1943年12月27日,我们旅接到命令,在切科维奇—古塔-多布伦斯卡亚—卡缅内布罗德—安德烈耶夫整条战线上发起进攻。当时,我首次受命加入前方侦察群。

夜里,我们开往前线。天气很冷,土都被冻硬了。早晨下的雪让我们的坦克履带板之间的磕碰也柔和了少许。新坦克的发动机工作得很好,我们快速前进。我很紧张,因为完全不知道会在哪里,以什么方式遇到敌人。为了走捷径,我们越过田野,绕过村庄,这让我冷静了一点。行进大约20公里后,我们进入一个小村庄,停了下来。本旅的纵队很快赶上了我们。休息时间很短,我们收到命令继续前进,但我这边出现了一个问题。我的驾驶员兼机械师彼得·秋林说他不能驾驶了,因为黑暗中他什么也看不见。但我们没有人来代替他。乘员之间不能互相取代。除了驾驶员,只有我能驾驶坦克。秋林保持了这种状态大概二十分钟,最终,我意识到他在说谎,因为如果真的患有夜盲,他的动作肯定(和实际表现出的)不一样。他刚刚只是紧张而害怕了——在不知道下一秒会发生什么的情况下,在夜间驾驶坦克前进确实很难。我发怒了,冲他喊道:"你他妈的到底为什么志愿来当我的乘员?"我还对副营长阿尔谢尼耶夫说:"近卫军上尉同志!请在下一个休息点,立即找一名驾驶员替换秋林。"然后我回头对秋林大喊："现在回到你的岗位上，驾驶坦克！"我下命令："出发！"然后尽我的视力所能，我开始用坦克的内部通话器指挥驾驶员。我不得不经常在坦克里屈身看地图进行导航，灯光很弱，但能勉强照亮东西。不久后，我就忘了秋林的问题，而他也在充满信心地驾驶坦克。

黎明时分，我们已经可以远远地看到卡缅内布罗德村，在村子前面，大概500米吧，我看到一个黑色的物体，在半黑不亮的黎明时刻，我把它当成了坦克。我打了两发穿甲弹，看见那个东西上迸出火花和碎片。我意识到我犯了一个错误，当我们靠过去时，我发现这是一块大石头。突然，在雾气中，两辆德国四号坦克从村里冒出来，向切尔尼亚霍夫市跑去。我喊道："秋林，追上他们，追上！"但是他因为害怕而停了下来。德国人的坦克已距离我们1.5～2公里远，我开了几炮，但都没打中它们。去他的吧，我们必须占领村子。

在距离最近的房子大约300米的地方，我们遇到一个小老头，他给我们指明了一条穿越雷区的小路，还告诉我们村子里没有德国人，但下一个村子里全是德国坦克。我们谢过了他，进入村庄，然后穿过村子走到另一头。房子都在村里一条主要街道的两边，在房子后面，或者街道左侧和右侧都能看到广阔的田野。另外两辆坦克赶上了我，其中一辆属于伊万·阿巴申。我们到达村子的尽头，沿着刚才走的那条路，我能看到下一个村子就在1.5公里外。我还没来得及看地图，找出这个村子的名字，就看到了漆成白色的德国四号坦克在田间来回移动。在这些坦克身后，我还看见"虎"式和"豹"式坦克从它们设在村子里小屋后面的掩蔽处钻出来，开始组成战斗队形（我一共数出来七辆）。四号坦克在它们身后组成第二个战斗队形（大约有十五辆）。我没有犹豫太久，下令："穿甲弹，装填！""穿甲弹就绪！"我朝右翼的"虎"式坦克开了一炮——没打中！什么鬼情况？我看了瞄准镜，发现没调准，向右偏了五格。这就是那些坦克在

卡缅内布罗德村附近的战斗。

第六章"火光照得战场如白昼一般明亮"/ 101

我们接近村子的时候从我手下逃掉的原因。我调整好了瞄准镜,通过无线电得知,我们有两个连也在展开队形。我从坦克的炮塔探出头来,看到我们整个营在村子右侧的空地上组成战斗队形,准备和敌人正面对决。这是营长做出的一个无知的决定,我们为此付出了惨重代价,这个事儿我之后慢慢说。

我不知道发生了什么,但我决定独自攻击德国人——哪怕是一对二十!我完全失去了理智!"前进,向村子开过去!"我命令秋林。伊万·阿巴申所驾驶的我们排第二辆坦克跟着我。我看到路的左边是斜坡,再旁边就是河。这意味着我们可以离开道路,躲在河谷里,悄悄地靠近敌人而不被注意。我正在这么想的时候,一辆"虎"式在左边一公里开外的地方向我开火了。这次攻击本来能够杀了我,但这发硬芯穿甲弹击中了田地里被人扔下的犁的把手,从而改变弹道,从我的坦克炮塔上面几厘米的地方飞过去了。这可真是撞了大运!如果所有的德国坦克对我集火,我会被炸得粉身碎骨;但出于某些原因,它们没有这么干。我对秋林大喊:"向左转,沿着河谷,向村里第一个小屋开过去!"伊万·阿巴申也照猫画虎。

我的坦克行进到村里最后一个小屋旁,因为我认为它能遮住整辆坦克,不被展开队形的德国坦克发现。我决定去看看德国人在干什么,然后通过无线电向连长报告。就在我跑向房子的角落时,一辆德国坦克对这个小屋开了一炮,它隐蔽在一个草堆里,大概离村子1.5公里远,以便为德军主力提供支援。我被震得退了好几步。我几乎站不起来,我的腿发沉,几乎无法控制。我慢慢地走回我的坦克,我的手在抖。在那一刻,一辆六号"虎"式重型坦克,被漆成黄色,从我们前面300~400米距离的河沟里钻出来。我们就在开阔地里,没遮没拦。对方为什么不开火?我不知道。我跳上坦克前,对伊万·阿巴申喊:"开炮啊,妈的,开炮!!!朝它开火,你妈的!"但他只是站在那里看着"虎"式。我想他惊呆了。老实说,我受到的训练比他好，尤其是在司令部担任过联络军官后。

  费了些力，我才钻进坦克，并瞄准了这辆正在接近的"虎"式。然而，由于我被炮弹震到再加上过于兴奋，我无法准确判断"虎"式和我的坦克的距离，所以我决定后退。我命令秋林掉头，沿着我们来的路返回卡缅内布罗德。德国人的坦克已经完成部署，对着我们营一阵猛打，我方坦克纷纷被击毁并燃烧。我在距离德国坦克200米的地方，以50~60公里每小时的速度和他们平行前进，然后超过了他们，跑到最后的小屋后面，急转弯，停在了小屋和旁边有一堆草的一个谷仓中间。我琢磨道："我要从侧面把你们都干掉。"

  德国人的坦克开过了村子，也经过了我。我看着瞄准镜，但一堆粪肥挡住了我的视线。我向前挪了一点，转动坦克炮塔，看见一辆德国"虎"式在德军阵线的右翼，它的右侧对着我。它正准备对一辆拦在它前面的我军坦克开火。我不确定我是否打中，但"虎"式猛地一颤，然后停了下来，开始冒烟。坦克第2排排长康斯坦丁·格罗兹杰夫向我靠了过来。他应该找一个小屋，在小屋后面藏起来，然后对德国人的坦克开火，但他（的坦克）只是紧紧地靠着我（的坦克）。在远方掩护主力展开的那辆德国坦克肯定是在对我开火，但击中了康斯坦丁的坦克。炮塔被炸飞，它飞起来后还砸到最近一户人家房子的屋顶。康斯坦丁出来了……更准确地说，他的上半身出来了，而下半身还留在坦克里。然而，他还活着，他看着我，痛苦得双手抓地。你能想象这样的情景吗？我对秋林说："回去！"我们成功地转了个弯，然后我们也被击中。坦克开始打转，但仍然用尽全力跑到了街的另一边。一发穿甲弹打中我的坦克的右侧减速器，还撕下来一大块装甲，导致传动齿轮暴露出来，但没有给坦克造成实质性损害。然后，德国人的坦克掉头向左，和我脱离了接触。

  我们部队打爆了四辆德国坦克，包括一辆"虎"式，但自身损失了八辆坦克。我们实际是和他们进行正面对决，但我们更应该做的是藏在小屋后面，把德国人放进村庄，然后攻击他们坦克的侧面。若是用这种方式，我们甚至可以把他们全都干掉。但是现在，我们失去了一整个连！我们主要损失的是由补充的新坦克手操纵的坦克，他们都是没有战斗经验的年轻人，但许多人仍然成功从车里逃了出来。后来我们发现，我们抵达卡缅内布罗德会导致这支德国部队陷入包围，所以他们才会抢先进攻，从而打破我们的战线。

我们迅速整队，开始追击。天色越来越暗。我们的心情差到极点，刚刚损失了太多的人——但重要的是——赶紧粉碎德国人建立防线的机会。夜里九点左右，四周一片黑暗，雨点和雪花挡住了我的视线。我（的坦克）放慢了速度，其他坦克也赶上了我。我们组成一条战线，继续前进。天一点点变亮，我们看到了一条泥路。我听到无线电消息："法金，就位。"我加快速度，以便开到前面，构成战斗侦察群的一部分。有两辆坦克跟着我。随着天色放亮，我的心情也变得愉悦，不过并不持久。站在我的坦克炮塔里，透过晨雾可以看到一个大型居民点的轮廓。我认为这是切尔尼亚霍夫市。这个想法刚闪过我的脑海，德国人的炮火就打过来了。

我们立刻展开队形，发起进攻。我左边两百米处，一个新型自行火炮连（装备SU-85）展开队形，然后开火，旅属反坦克歼击炮兵连部署在该自行火炮连更左边。我们的三辆坦克发起攻击，对着几座茅屋开火。

我通过瞄准镜，发现一队坦克在距离我们两公里远的地方，和我们平行进入城市。右侧某处有炮兵还在对那队坦克和我们开火。我还在想，我们的进攻协调很出色。突然，我注意到一个穿着白羊皮外套的人，从最近的一座屋子里出来，跑向我们。他跑向反坦克炮兵阵地，一拳打在炮兵连连长的脸上。原来，近卫坦克第21旅已经进了城，我们在向友军射击！我们立刻就改变了计划，行进至市中心。

此时无线电传来一条明文消息："法金、阿巴申，开到火车站去。"我向右转，看到了石砌的两层式车站建筑。我调整好坦克主炮的角度，以便对街道方向可能出现的威胁开火。突然，一发大口径杀伤榴弹打中了车体后部右侧，剧烈的爆炸让车身一震。我们的坦克还能继续行驶，但慢慢往右偏。秋林喊道："车长，他们打掉了我们的侧减速器！""还能走吗？""勉强能行。"我们开到远离车站的房子边上，我跳下车检查损坏情况。盖住右边侧减速器的装甲板就像被刀子切掉一样全没了，传动齿轮中有两个报废，其他的也开裂了。我不知道我们如何才能继续前进。没过多久，营长D.A.楚马琴科开着他的坦克过来，并且命令我们占领防御阵地，等待维修队。

我们把坦克停在房子旁边的苹果园里，很快就看到了营长所说的修理车辆。我跟维修队通了话，命令我的炮手和机电员留在坦克里，继续观察战场；而我去了车站大楼，在那里，我可以观察城市。突然，我听到喊叫声、冲锋枪射击声，还有我的坦克主炮射击的声音。我转身使出吃奶的劲，拼命往回跑。原来是留在我们后方的德国人攻击了我的坦克。维修队和我的乘员占了一处防守阵地，装填手对着进攻的德国人近距离平射，打了一发杀伤榴弹。德国人损失大约十人，剩下的十三个人投降了。

修理耗费了大约二十四个小时。然后，我们的坦克必须赶上大部队，他们在昼夜不停地战斗、推进。我不知道我们有没有人睡过觉。我们只能在这里、那里打个盹，每天加起来一两个小时。疲惫造成麻木，麻木造成损失。我们摸黑进入斯克里瓦市。人人都筋疲力尽，以至于没有人注意到1944年元旦的到来。我们想方设法，休息了三四个小时。然后，有人用棍子敲打坦克，把我们都弄醒了——是一些炊事员，他们邀请我们共进早餐。吃早餐的时候，我和一些人被营长叫过去。十一名军官聚集在楚马琴科的装着特殊车厢的指挥车旁边。我们还剩八辆坦克、三辆自行火炮，以及两个班的侦察兵。楚马琴科先向我们介绍了一位新连长,即卡拉布塔技术中尉,然后向我们简要介绍当前情况。我们的任务是向塔拉夏市前进,占领它,然后守住它,直到旅主力抵达。

我们在黎明前出发。我的坦克搭载有五名侦察兵,再次受命作为纵队的先头部队,大约领先1.5公里。很快,一架"框子"——Fw-189侦察机——出现在我们头顶上,这意味着德国空军的空袭随时可能到来。真是准确的预测!十八架Ju-87俯冲轰炸机出现在空中。我们保持战斗队形,坦克间距为100～150米,快速前进。空袭非常猛烈,但没有造成任何损失——我们的坦克没有一辆被击中。我们前方出现了一个小村庄,冲锋枪和野战炮的火力从那边打过来。我们在移动中开火,击溃了这一小股德军牵制部队。

我们继续以战斗队形前进,仿佛已经知道敌人就在附近,我们马上要投入战斗。又有两拨共十八架飞机在远处出现,转了个大弯,然后开始轰炸我们。这证实了我的猜想——敌人(和我们)很近。没过多久,我们看到一个大型村庄——别列赞卡——一眼望不到头的大队德军也出现在我们眼前。整体呈黑色的德方队伍在白色的雪地上非常明显。

德军队列的前部,包括汽车和马车,已经通过村庄,正加快速度逃离。后来我们发现,逃出的是敌方第88步兵师刚刚抵达的后勤机关。当我们看到面前这帮事实上已经走投无路的敌人时,便解散了战斗队形,向着他们的队列包抄过去,目的是不让一辆马车溜走。但不幸的是,当地居民走出家门,冲向我们,乞求我们更快进入村庄。我们不得不越过他们的头顶,奔向丢弃了装备的马车和汽车、正在野地里逃跑的德国人。

我一边朝着德国人的纵队前进,一边用机枪扫射逃跑的德国人。我还看见一群德国人正围着村子边上的马车做什么,原来他们想把马解开,然后(把它们)带走。我向他们打了一发杀伤榴弹。炮弹爆炸后,德国人的尸体被抛得四处横飞。此时,我注意到他们试着在道路正中间支起一门炮。我从炮塔里探出头来,看见另外三组人正试着解开拖着火炮的马匹。我开了三四炮,炮弹都击中了这个炮兵连所在位置。然后我们冲向第一门炮,在用机枪干掉整个炮组后,我下令秋林开过去。在这次快节奏的战斗后,我回过神来,从炮塔探出头观察战场。真是可怕的景象:被遗弃的德国汽车和卡车都停放在路上,有坏的有好的,周围满是德国人的尸体和死去的马匹。

我们抓了大约200名战俘,我不知道该拿他们怎么办,因为我方在这里只有一个搭乘我们坦克的侦察排。我们不得不命令一些侦察兵把这些战俘押到后方。我们在村里停了下来,挑选了一些战利品。秋林和克列谢沃伊带来两头宰好的猪,并搁在坦克传动舱顶盖上:"我们可以和我们住处的房东一同享用。"然后秋林给了我一双皮质的军官长靴,告诉我不能一直穿着毡靴四处走来走去,而一个中尉也没机会领到这样一双好靴子。这双靴子很合脚,我至今仍然记得它们是多么结实、防水。

不久后,弗拉基米尔·卡拉布塔上尉走了过来。他命令我向塔拉夏市前进,该市在别列赞卡村西边大约10公里处。路上的泥土都被冻住了,因此我们能高速前进。我们穿过列索维奇村,那里没有德国人;随后到达塔拉夏市,高速冲进了市内。平民都不见了。这不是个好兆头——德国人肯定埋伏在什么地方。我看到前方有一个路口,突然,一个女人从最近的房子里冲出来对我们挥手。我停下坦克,探出头对她喊话,但因为发动机的轰鸣,我听不清她回答什么。所以我从坦克里出来,向她走去:"有什么问题吗?"她大声告诉我,在我前面的路口大约300米的地方有德国坦克。我谢过她,走回我的坦克。在那一刻,同样跳出了坦克、听到德国人埋伏的消息的弗拉基米尔·卡拉布塔对我说:"法金,你已经是'苏联英雄'了,所以让我走在前面。"他一边说着,一边发动坦克,超了过去。我跳进我自己的坦克，对秋林说："跟着他，如果他的坦克被击毁，就绕过去继续前进！"秋林跟了上去。如我所料。出发后大约100米处，卡拉布塔的坦克前装甲中弹，起火了。我（的坦克）超过他，胡乱开了一炮，并继续向前冲。直到那时，我才看见一辆"斐迪南"重型自行火炮[①]，离我大概100米。它的车尾倚着一个小型的石头建筑，控制了整个路口。当我看到"斐迪南"时，我用穿甲弹击中了它，并且命令秋林开坦克撞过去。秋林开近后撞上了"斐迪南"，然后开始推它。"斐迪南"的乘员试图逃出来，但被我的装填手用冲锋枪打死。四个德国人横死在他们车上，但第五个人成功逃脱。我命令秋林倒车。与此同时，我方其他坦克和自行火炮正在一边射击，一边沿道路推进。

我让自己冷静下来，用坦克搭上我的侦察兵，沿着通往市中心的道路前进。交火停了下来，但不祥的寂静弥漫在空气中。连长和他的乘员似乎已经阵亡（后来发现连长活了下来），所以没有人命令我前进。但总有人要挺身而出。我一直冲锋在前，还轻松干掉了"斐迪南"——所以我认为这是上帝的旨意，我应该继续前进。在交叉路口，我向左转，沿一条通往河流的路前进。我开到了一座桥前面，正当我琢磨这座桥能否承受我们坦克重量的时候，一辆车厢甚大的大载重量卡车从桥的另一边开了过来。车上的德国人在黑暗中没有注意到我们的坦克，结果正好撞到我们坦克的前部。意识到发生了什么事的卡车司机直接从车里跳到冰冻的河面上。需要我做的就只有摁下火炮发射开关了，杀伤爆破弹打穿卡车驾驶室，在满载德国人的车厢里发生爆炸。好大的一个烟花！德国人的尸体

[①] 此时德军拥有"斐迪南"的单位并不在前线作战。苏军官兵因认知不到位、观察失当、战场心理影响或文学创作笔法等缘故，常常出现将德军各类自行火炮混淆称为"斐迪南"的情况。此处及后文，法金应是将德军其他型号的后部敞开式自行火炮都称为"斐迪南"。

碎片在桥上和冰面上四处散落。我说:"彼得,前进。"我们把卡车的残骸从桥上推开,碾过(德国人的)尸体,沿着街道前进。我们的侦察兵在桥头跳下坦克,四处搜索,捡拾手表和手枪。要知道,我们那时候可没有手表之类的东西。

我们缓慢地向前移动,转弯,朝着街道方向开了一炮,然后以最快的速度前进。我们来到一个丁字路口时,我把坦克隐藏在房子的阴影里。德国人都不见了。我方其他人的坦克也看不见了。我们关闭了坦克发动机,观察周围的环境。在夜间驾驶坦克而没有侦察兵或坦克搭载兵是极为可怕的,尽管明亮的月光照亮了街道,但是坐在那里无所事事,让我觉得很不舒服。周围死一般的寂静。突然,我听到几辆坦克的发动机启动了,随后三辆我方的坦克快速从旁边开过。紧接着,他们前进的方向传来爆炸声和枪炮射击声。同时,另一场战斗在城市东边爆发——我们旅的主力部队在那里。我继续等待。从那三辆坦克前进方向传来的战斗声音很快沉寂下来,显然我方所有的坦克都被击毁了。

15~20分钟后,我听到一辆德国坦克从(前文三辆坦克前进的)那个方向开过来。我决定把它放近一点,在100米的距离上将其摧毁。我有一个疯狂的想法,我决定用一种漂亮的方式摧毁它,然后我可以在它被击穿的装甲上题字留念"击毁此车者中尉法金也"。多蠢啊!为了这个主意,我得让敌人一直把坦克开到路口,也就是距离我只有15~20米处,然后在它向左转的时候(不知何故,我确信它会向左转),用穿甲弹攻击它侧面。所以这辆坦克接近时,我就一直用瞄准镜盯着它。这是一辆小坦克(相较"虎"式而言),型号为三号或四号。它开到路口,向左掉头,我开始转动炮塔——但是转不动!敌人的坦克沿着街道快速离开。我对秋林喊:"启动发动机,我们追上去,在追逐中干掉它!"但是坦克没有马上启动。我们把它放跑了!我从炮塔跳到坦克后部。原来放在炮塔后面的帆布曾被搭乘坦克的侦察兵们展开，垫在他们屁股底下，免得坐在冰冷的坦克装甲上；而现在帆布边缘被炮塔传动系统的齿轮绞进去，因此卡住了。

我把帆布拉出来，跳回坦克，命令秋林开车沿着德国坦克逃走的街道追过去，希望追上它。但在那一刻，我从无线电中听到呼叫："法金，法金，赶快回来。"我把坦克调了头，回到桥上。战斗显然结束了，德国人开始撤退。这就是我们在1944年1月4—5日的夜间解放塔拉夏的经过。

1月5日上午，我们把自己收拾利索，还想办法睡了一觉。下午两点，我们开始向西前进，目标是雷萨亚戈拉市。和之前一样——我的坦克这次搭上了四个侦察兵——在前方充当纵队的先头部队。

我们进入了雷萨亚戈拉郊区。我可以看到左边是乌克兰农民的一些茅屋（带有白色墙壁），右边则是一小片阴暗的森林。我命令秋林加速前进。我们快速穿过雷萨亚戈拉的街道，一路上车体左边被半自动炮打中了三四次。突然，坦克猛地右偏，陷进了一个坑里，导致主炮炮口朝天。我们停下来。我打开舱门跳出来，发现坦克的左侧减速器被打坏了，现在坦克没法移动；也没法转向，朝敌人开火。营长继续前进，命令我们等待维修队伍，他还留下一个步兵班，以保护我的坦克。

我们设置了岗哨，还把从德军车队残骸中弄到的一直放在坦克上的一扇猪肉拿出来，叫醒了最近一户房子的主人和他的妻子，让他们给我们炒了一些猪肉。这是一顿很不错的晚餐，但我们仍然顾不上休息。我们开始在被击毁的坦克周围布置防御。我们把炮塔上的机枪和机电员使用的机枪卸下来，还准备了手榴弹和冲锋枪。加上七名步兵和他们的班长，我们已经有足够的火力击退敌人的一轮步兵攻击。大约早晨九点，四名当地人跑来告诉我们，至少有二十个德国人朝我们的方向过来了。我们让这些当地人离开，以免造成平民伤亡，然后准备战斗。

三四分钟后，穿着白色雪地伪装服、带着冲锋枪的德国人出现在街上，乱糟糟地向我们这边走来，简直就是一群乌合之众。在我的命令下，我们对他们一通急速射击，大概打死了他们十个人。他们被我们火力压制，随后就带着尸体撤走，没有再招惹我们。下午两点，旅主力部队在打败和他们对抗的德国人后赶到了。他们(为我的坦克)留下维修队伍，但带走了支援我们的步兵，继续向梅德温市前进，以便赶上我们营的部队。

修理队在1月6—9日期间一直忙着处理我们的坦克，想把它修复到可以战斗的状态。而我们(坦克乘员)和当地的一些漂亮姑娘在一起打发时间。晚上，我们一起围着桌子，讲述自己童年的故事，或者打牌。1月9日上午，我们营长德米特里·楚马琴科到了。他称赞了我在塔拉夏市的行动，命令我接管完成修理后抵达的半个连的坦克。我们用这些兵力解放了维诺哥罗德城外几公里处的一个小村子。

大概在1月17日，我们奉命把剩余的坦克转交给近卫坦克第20旅，然后转到军预备队，接纳那些来自后方、现在准备加入作战部队的补充人员。我们用了几天的时间，在梅德温市附近接纳新的补充人员。这是自11月那一批补充人员报到以来，所有旅里幸存的军官第一次聚在一起。我没有看到多少我认识的人。这是因为，最先死掉的总是那些补充上去的新手，他们刚从后方来到前线，只接受了最低水平的训练。我们旅总是在接收新的补充人员后的最初几战中，遭受最严重的损失。那些在最初的战斗里幸存下来的人，会很快掌握诀窍，成为整个旅的核心组成部分。

在这个短暂的时期，我被任命为楚马琴科的坦克的车长。车组乘员都非常有经验，他们已经在前线战斗一年或更长时间。驾驶员是近卫军大士彼得·多罗申科，他获得了"一级卫国战争"和"二级卫国战争"勋章，以及"红星"勋章。装填手是获得两次"勇敢"奖章的近卫军中士费季索夫。机电员是获得"二级卫国战争"勋章和"红星"勋章的近卫军中士叶尔苏科夫。除此之外，他们都有"保卫斯大林格勒"战役奖章。即使在1944

年，勋章奖章的发放已经常态化，这些仍然是很了不起的勋章和奖章，而这个车组在整个旅中更是独一无二的。他们和其他三十名坦克手分开居住，也不和后者说话；所以当我来到他们住的地方，告诉他们我将是他们的新车长时，他们表现得很冷淡。这也是很正常的，要让他们接受整个旅里最年轻的中尉，而且是刚升到这个军衔三四个月的我来领导显然很困难，更何况多罗申科与叶尔苏科夫都比我大。我对此也心知肚明，但我要证明我有资格指挥他们。

1月24日，我们旅突入己方机械化第5军在德军防线上打出的缺口，冲向维诺哥罗德市。我们在黎明时分行动，紧跟在攻击敌人的机械化第5军步兵后面。在德国人的防御工事前方的田野上，到处都是我们一方的尸体。这是怎么回事？现在不是1941年或1942年了，当时我们缺乏足够的弹药和火炮来摧毁敌人的火力点。我们没有直接冲出去进攻，而是缓慢地通过被耕过的田地。我们绕过牺牲战友的尸体，或者直接驶过，但不让坦克的两条履带轧到他们。冲过步兵所在的第一线后，我们赶紧加速，希望尽快占领维诺哥罗德。

1月26日上午，营长奉命把他的坦克和车组转交给旅长——近卫军上校费奥多尔·安德烈耶维奇·日林，他刚在战斗中失去了他的坦克。因此，我就成了第22旅旅长的坦克的车长。

1944年春天，在乌克兰发生的战斗如同噩梦一般。过早的解冻和雨雪把道路变成泥淖。所有的后勤补给只能由马匹运输，因为轮式车辆都陷在泥里了。我们的坦克可以移动，但摩托化步兵营落在了后面。我们不得不向当地人求助，当地的妇女和少年把炮弹扛在肩上，或者两人一起搬一个弹药箱，在没过膝盖的泥浆中挣扎着前行。

1月下旬，我们对科尔孙-舍甫琴科夫斯基地区的德军进行合围，可结果是我们自己被包围在这里了。我们好不容易突出包围，但有八辆坦克沉在了格尼洛伊季基奇河里。然后，我们需要击退企图突破包围圈的纳粹军队的反击。长话短说，2月18日，当我们接到命令在达舒科夫卡村集结的时候，全旅只剩下旅长的坦克（就是我这辆）和摩托化步兵营。然而，摩托化步兵营只有六十到八十个人和两门76毫米火炮，还被困在往村里来的路上某处的泥坑里。旅部设在距离达舒科夫卡村约一公里的一个村子里，摩托化步兵部队应该在五六个小时以内赶到那里。敌人刚刚把我们的部队从达舒科夫卡赶出去，打破了我们的包围圈。旅长日林上校、政治部主任和我（还有我的车组乘员等人）开到一条深深的峡谷边上，对面就是达舒科夫卡。达舒科夫卡建在山上，呈南北向的长条形状，并且形成了一条大约两公里长的街道。村子有三面被深谷包围，而北面远处、村子边上有个斜坡朝向那条通往雷相卡村的泥路。有零星的交火发生。但很明显，双方都筋疲力尽，用尽了自身所有的预备力量。一门德国六管火箭炮偶尔在达舒科夫卡北边，对我方步兵开火。我们一行人回到了旅部所在地。

我把坦克停在旅长挑选的房子的门口，打算走进去暖和一会儿，并烤烤湿漉漉的靴子。当我走进房子的时候，我听到日林上校和军长——"苏联英雄"称号获得者阿列克谢耶夫将军之间的无线电通话："日林，堵上缺口。""但我只剩下一辆坦克了。""那就用那一辆坦克堵上缺口。"旅长转过身来对我说："你听到了吧，孩子？"任务很明确。我应该支援30分钟前刚刚从达舒科夫卡退出来的步兵第242团，他们的撤退给德国人开辟了一条3公里宽的口子。我应该占领达舒科夫卡，打到它的北部郊区，粉碎敌人通过达舒科夫卡北边那条500～600米长的道路（也是唯一的道路）撤退或突破包围的可能性。我必须一直守住这条路，直到军预备队到来。

我离开了小屋。我不知道达舒科夫卡村里的德国人有多少兵力，也不知道怎么赶他们出去。我的车组乘员们静静地吃着面包和肉罐头。我对他们喊道："准备战斗！"一开始，乘员们迷惑地看着我，还开了几句形容我毛躁的玩笑，但在他们意识到我不是开玩笑的时候，他们扔掉了食物，跑到坦克旁边。我命令他们拿掉帆布，以免发生在塔拉夏的那件事情重演；并告诉他们扔掉坦克里所有不必要的东西，以便装上更多的弹药。因此，我能带两倍弹药基数的炮弹投入战斗——足足有150发，而不是编制所规定的77发。

我们在几分钟内做好了人员和坦克的战斗准备。整个旅的领导集体都走出茅屋，为我们送行。我站在我的座位上向所有人挥手，关上车长座舱的舱盖，发布命令："前进！"我记得这是我第一次不像我以往在进攻前或者打响战斗第一炮前那样，因为我现在既不焦虑，也不紧张。我们的政治部主任尼古拉·瓦西里耶维奇·莫洛卡诺夫在告别时说的"萨沙，一定完成，一定能成"确实鼓舞和激励了我。

我们开到河谷离达舒科夫卡最近的地方，然后慢慢开下山坡。我们只有一个选择，即越过沟壑，从村庄的南部边缘往村里冲。我们很快下了斜坡，但我们没法从河谷另一面爬上去——每次我们往上爬到一半，坦克都会快速溜回沟底。我们试了好几次，但都是徒劳无功。到了晚上，气温下降，坡上全是冰，这更是增加了我们任务的难度。过了一会儿，我回忆起我在基辅附近通过倒挡操作，爬出反坦克壕的事情。我们在备件盒里找到了十二个履带防滑齿，给每边履带装上六个。我们花了大约三十分钟做这些事。之后，我们把坦克掉头，装填手、机电员和我一起开始把坦克推上山。我们太累了，甚至没有意识到三个人的力气对（推动）一辆重达二十八吨的坦克来说微乎其微，如果坦克再从斜坡上滚下来，我们都会被压成肉酱。然而，我们的意志和多罗申科的驾驶技术，还有防滑齿都发挥了作用。发动机轰鸣，坦克慢慢地沿着斜坡爬上去。到达峡谷的

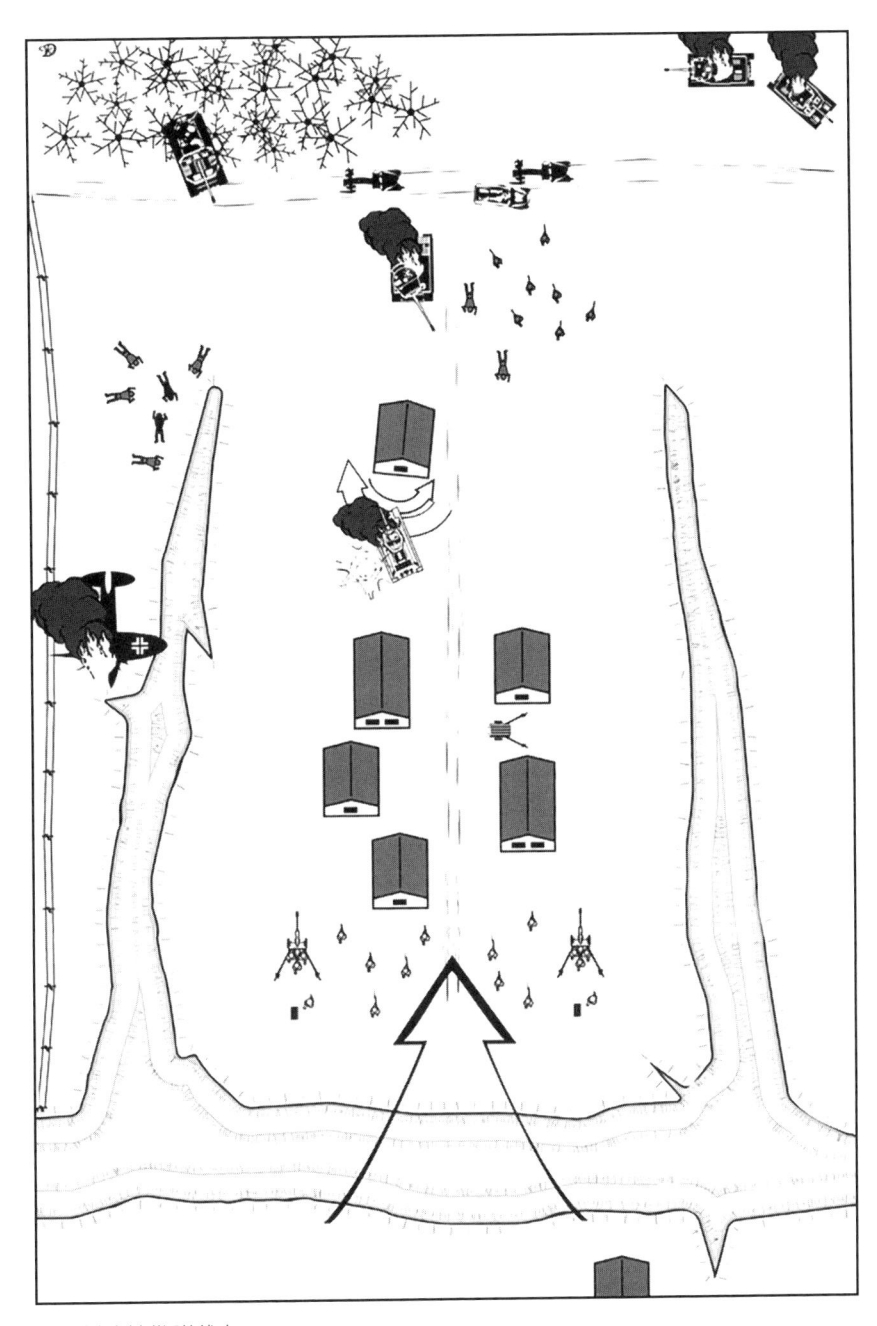

达舒科夫卡村附近的战斗。

第六章 "火光照得战场如白昼一般明亮" / 115

边缘时，坦克停了一下，但最后还是成功到达平地，随后多罗申科开始转向。德国人听到了发动机的轰鸣声，开始朝天空打照明弹。他们还加强了轻武器的火力。我环顾四周，命令车组乘员进入坦克，然后休息半个小时。我关上舱门，立刻就睡着了。车组其他乘员也是如此。

我是被炮塔上发出的"咣"的一声重击弄醒的。是步兵第242团的团长来了。我打开舱门，进行了自我介绍。他夸奖了我能跨过这么深的峡谷。"看到远处那些移动的灯光了吗？"他说，"它们都是德国卡车。我觉得一些德军部队已经沿着道路突围了。我的团剩下的人都在这里——差不多一个连的兵力。你应该借助夜色的掩护，支援我的步兵实施攻击。到达村庄的北部边缘，用火力切断德国人在道路上的交通。你所在旅的摩托化步兵营很快就能到来，也就是说援兵离我们很近了。"

我可以看到200米外香烟发出的闪烁的火光，那边有一些躺在湿雪地里的我方步兵。我命令驾驶员前进，喊道："准备战斗！"接着，我在装填手眼前晃晃手掌："杀伤榴弹！"我把坦克停在距离步兵大概十米的地方，观察了躺在雪里的士兵组成的战线。他们大多手持步枪，只有少数装备冲锋枪。显然，他们原属于步兵团的各个单位，现在是临时拼凑起来的。这条战线有300～400米长，我估计有50人。我从坦克里探出头来，对这些步兵说："伙计们，我们现在要把德军赶出村庄，这需要我们攻到村子另一头，然后在那里建立防御阵地。所以在进攻中不要丢掉你们的铲子！在坦克前方短距离冲刺，在移动中向敌人射击。我开火的时候不要害怕，我（的武器）会高过你们头顶再射击。"一个步兵冲我喊道："坦克从什么时候开始只会跟在步兵后面前进了？"我回答说，这是个好问题，但是这次进攻中我们不得不按我说的来。"我会摧毁敌人的机枪，当我们离村子大约200米的时候，我会向村里冲，你们跟着我上。现在，看着我，听我的命令向前进！"发动机轰鸣。德国人打出几发照明弹，七挺机枪立即向我们开火。我把瞄准镜调为夜视模式，开始从右到左挨个摧毁这些机枪。在最初的一两分钟，我压制了三四挺机枪。我从坦克中探出身子，命令道："前进！"步兵们很不情愿地站起来，但还是开始攻击。敌人再次火力全开，有四五挺机枪在射击。我摧毁了三挺，命令我的驾驶员前进20~30米，然后朝村庄的边缘开了两炮。随后，我的坦克在移动过程中射击，又摧毁了德方一挺机枪。我可以看到我的步兵们在短促冲锋中前进。

敌人只能用步枪还击。显然，德国人留下来占领村子的只是小股用于迟滞我军行动的部队，大概是一个步兵排，没有装备反坦克炮。他们肯定是将主要力量集中起来，用于突破包围了。一个决定性的时刻到来了——我方步兵看到我对付机枪后，对我有了信心，他们继续在前方进行短促冲锋，对敌人射击。我不能错过这一有利时机。我从坦克里探出头喊道："干得好，伙计们，现在冲锋！"我（的坦克）超过步兵，冲进村子，边移动边射击。我让坦克停了一下，沿着街道对逃跑的德国兵开了两炮，并且用机枪打了一长梭子。我注意到街道拐角处有一辆奇怪的车子试图转向。于是我马上对多罗申科喊："碾了它！"他向前开动坦克，用车体右侧撞上了这个怪物。原来，这是一门德国六联装火箭炮。

我们继续沿着街道前进，许多德国人从小屋里跑出来，或者在车辆附近乱跑，但都被我们杀死。不少人设法逃入深谷，但那些害怕沟谷的黑暗而沿着街道逃跑的人都被杀了。我们很快就到达村子北头，开始选择有利的防守位置。距离我约200米处孤零零地立着一间小屋。我开车过去，把坦克停下，车体左侧贴着墙。我能看到大概800米外，几辆脱离大部队的德国车辆沿着道路逃走。任务完成了，我的瞄准具已经瞄准了道路。

我的步兵也逐渐到达。只剩下大约20人了。我命令他们按照水平方向360度的标准建立防线，挖掘战壕，因为敌人可能通过河谷包抄我们。但正如我所担心的那样，步兵没有带上挖战壕的工具，于是他们都拥到我

第六章"火光照得战场如白昼一般明亮" / 117

的坦克周围寻求保护。我看到这一幕，立刻叫他们散开，找个合适的位置防守，(等黎明时分到来)随时准备击退敌人的反击。几分钟后，我们左边的小树林后面出现了一大片灯光，照在了前方的道路上。这是一队搭载有步兵的德国卡车(整场战争期间，德国人在夜间开车时，车辆前大灯都是开着的)。我通过瞄准具估算出这些卡车的速度为每小时40公里，便等待他们进入我的射程。真没想到纳粹给了我这么一份大礼！我先打中第一辆卡车，把它变成一个大火球。然后，我对车队的最后一辆卡车开炮(是车队里的第十一辆)，它被打得从地面跳起，最终碎成渣渣。道路上一片混乱。车队里的第二辆是一辆半履带车，它试图绕过燃烧的卡车，但立即陷在了泥里。其他车辆也试图向左或向右转离开道路，结果也陷住了。那辆半履带车挨了我的第三发炮弹，然后我以每隔6~8秒打出一发炮弹的速度射击。多罗申科对我喊道："中尉，别把所有的卡车都炸掉，我们也应该得到一些战利品。""好吧，听你的。"火光照得战场如白昼一般明亮。在车队燃烧的火光映衬下，我能看到因恐慌而四散奔逃的德国人的剪影。我发射了几发杀伤榴弹，对着他们用短点射打光了DT机枪的一个弹盘。

　　夜幕渐渐褪去，黎明到来。当时起了薄雾，还有雨夹雪。敌人没有反击，而是试图把他们的伤员从战场上撤走。我的步兵感到寒气刺骨，在想办法让自己暖和一些。于是他们有些人躲进了村子边上的小屋取暖。

　　我的车组并没有丧失警惕。作为经验丰富的军人，他们知道德国人很快就会试着把我们赶出村子。确实，后来有一个年轻的士兵走到我的坦克旁，大声对我说："中尉同志，敌人的坦克！"我打开舱门准备观察四周，但还没来得及抬起头，就感到一颗子弹击中了舱盖。一小片装甲碎片划伤了我的脖子。我关上舱门，看着年轻的士兵所指的方向。两辆四号坦克试图从右侧约1.5公里远处一片耕地里，避开我们的视线，悄悄溜到另一边去。"他们(德国人)又来了。"

我告诉步兵和车组准备战斗，下令为坦克装上杀伤榴弹，因为这两辆德国坦克都还很远，我必须先试射。第一发炮弹在距离第一辆德国坦克5～10米的地方爆炸。它停了下来，我用第二发穿甲弹打中了它的侧面。第二辆试图逃走，但发射两发炮弹之后，我把它打瘫了。一个乘员通过炮塔舱盖跳出坦克，逃到田野里。可以说，2月19日有了一个很好的开端。

我有所放松，但差点因此遭到惩罚——当我抬起舱盖准备观察时，一颗子弹击中了舱盖边缘。那位指引我看德军坦克的年轻士兵过来，大声告诉我一些德国军官正在左边谷地的一侧，用望远镜观察我们的位置。说完之后，他转身走开，但突然身子一歪，倒在地上。我通过潜望镜观察，只见一道鲜血从他的后脑勺流出来。我对驾驶员说："彼得，倒车，绕着房子转一圈。随时准备开回这个地方来。"坦克慢慢倒车，从小屋后面露头。我转动炮塔，并通过瞄准镜看到四个人带着望远镜趴在河沟后面的雪地里，距离我约400米。这几个军官由一个衣领装饰着狐狸皮的将军带领，正在观察我的阵地和四周地形。费季索夫设好引信，报告说："杀伤榴弹就绪！"我瞄准射击，炮弹就在这些军官的中间位置炸开。我立刻看到，至少50个穿着雪地伪装服的德国人从四面八方跑来抢救伤员。然后，我为之前那个年轻的步兵报了仇，对他们打出至少15发杀伤榴弹。通过这种方式，德国人安静下来了。然后，我的坦克回到先前所处的小屋右边的位置，等待敌人的下一步行动。

没有人用无线电回应我，而我的坦克只剩下14发炮弹，包括1发次口径弹、1发破甲燃烧弹和12发杀伤榴弹。除此之外，叶尔苏科夫和我的DT机枪各有一个装了半满的弹盘。

突然，一架飞机从我们左边的树丛后面出现。我们在战场上管这种飞机叫"卡普罗尼"。这是一种意大利制造的飞机，俯冲性能非常好。它转过头来，在50～70米的高度沿着村庄左侧的山沟飞过，就是我曾经干掉那一批德国军官的地方。多罗申科再次把坦克开到射击位置，我开始观察飞机。飞机再次转弯，再次飞向我们。德国人打了发绿色信号弹，飞机也打了一发绿色的作为回应。飞机又一次转弯，扔下一个大箱子就飞走了。

有一条路垂直于被我们堵死的道路，路边有一条电报线路。这架飞机沿着电报线路来回飞行，而我又知道电报线杆之间的大概距离，可以粗略地估算它的飞行速度。它飞得非常慢，大约每小时50～60公里。飞机扔下了货物之后，又飞过我们，我决定如果它再飞回来，就试着把它打下来。我下令费季索夫设好引信，装上一发杀伤榴弹。这架飞机转回来，我瞄准，射击。我的炮弹击中了飞机发动机，一下把它打成两半。一次相当漂亮的表演！接着，刚才还在雪地里躲着的一大帮德国人跳起来，一窝蜂地往飞机残骸跑过去。我忘记了我没多少弹药，对着这群德国佬打了大概10发杀伤榴弹。

我让坦克回到先前的位置。我的兴奋感好久都没有消退。我见识过很多事情，但是这次打下来了一架飞机！无线电仍然是沉默的，我的弹药只够摧毁两个装甲目标，机枪子弹可以击退一次排级的步兵进攻。时间一分一秒过去。我们周围一片寂静，似乎预示着这出精彩表演很快就会落幕。我听到地上一名步兵对我喊："中尉同志，'斐迪南'出现在左侧的河沟后面。"我命令多罗申科："绕着小屋周围运动，像刚才那样。"

我们的坦克从小屋后面探出头来，我看到一辆"斐迪南"，它的主炮正对着我们呢，但它显然没有时间更好地进行瞄准，因为我们赶紧躲到了小屋后面。然而，撤退的路线被切断了。很明显，德国人在几分钟后就会试图突围。

德军开始沿着道路正面硬攻。大约100名穿着白色罩衣、带着冲锋枪的步兵一边扫射，一边毫无遮掩地沿路冲过来。他们距离我只有300～400米。起初我不明白他们为什么如此大胆。如果我有10发杀伤榴弹和4～5个机枪弹盘，就可以在几分钟之内让他们安息。然而，我很快听到了冲锋枪射击的刺耳声音中夹杂的沉重的德国坦克发动机的轰鸣声——"虎"式或"豹"式坦克。这就是他们如此大胆的原因。他们有一辆重型坦克作为支援。我对着三四个仍然躲在小屋后面往外窥视的步兵大喊，让他们看看道路左边是什么情况。但他们没有回应。

我立刻做出决定：把"虎"式放近，然后我的坦克突然从小屋后面冒头，用最后一发穿甲弹从正面干掉它。我对多罗申科说："彼得，启动发动机，别关上。我们让'虎'式走近，从房子后面冲出来，然后你数到四，不用等我命令，再躲到小屋后面。"机电员和我用机枪打了几个短点射，打死了一些进攻的德国佬。

发动机的声音很近了。我喊道："前进！"我们冲到射击位置，看到搭载着步兵的"虎"式坦克离我们大约150米远。它在短暂停顿后，刚刚开始移动。这正是我需要的。我不等坦克急停后的跳动平息，就瞄准了德国坦克射击。没有效果！彼得迅速开着坦克倒退，我大声下令，让费季索夫装一发杀伤榴弹。然后我看到田地里的德军步兵都停下了。我对着他们直射，打出了最后一发杀伤榴弹，看到他们开始逃跑。我们从小屋后面再次探出头来，眼前的景象让我们傻眼了。火焰慢慢地裹住"虎"式。一名乘员的尸体挂在炮塔上。爆炸声再次响起。纳粹坦克完蛋了。我们再次胜利了。

我忘了我只剩一发破甲弹，我命令费季索夫装上它，决定来一场一对一的决斗，干掉突击炮。我没有镇静下来，纯粹是自找麻烦！彼得挂着倒挡，把坦克开到房子左边，我和"斐迪南"来了个面对面；而"斐迪南"已经瞄准好，就等在那里。我有时间把突击炮放入瞄准镜，但它先开火，一发穿甲弹击中了我坦克的炮塔座圈。这发炮弹打坏了火炮的铸铁配重块,打死了费季索夫,最终卡在了炮塔的后壁上。敌方第二发炮弹则打坏炮盾,把炮塔打得偏到一边,卡住了舱门。我大喊"弃车",并试图用头顶开卡住的舱门。费了好大劲,我第三次尝试才终于打开舱门,自己爬出来,跳下坦克;几乎同时,突击炮又开了一炮。我的机电员叶尔苏科夫跑在我前面,两人相距大约15米。我回头一看,发现一秒钟前还在逃跑的德国人掉过头来,重新发起了攻击。他们距离我只有150米。

我跟着叶尔苏科夫跑向最近的房子,但跑出几米后,我听到彼得·多罗申科叫了一声:"中尉,救命!"我转过头,看到他挂在驾驶员的舱口上,身体一部分卡在盖子下面。我冒着子弹回来,把盖子往上推,帮他逃了出来,然后把他扛在肩膀上。在他的棉袄上可以清楚地看到,有七处正在往外冒血。德国人在河谷另一面对着房子开火,房子前面有一道沟。我正准备跳过沟,然而当我距离沟还有两米时,敌人突然停止了射击。显然,他们正在换弹链。于是,我带着彼得·多罗申科通过了这道沟。

当距离村子最后的屋子还有二十米远时,我看到我们的摩托化步兵营的炮组成员推着两门炮进入战斗位置,准备投入作战;还有拿着冲锋枪组成作战队列的我军步兵。我用尽了所有的力气,近乎崩溃。该营营长季诺维也夫大尉的勤务员和一名女卫生指导员跑到我面前,把彼得·多罗申科接过去。他们把我们带到了一天前我开始战斗的村庄。

旅长出来迎接我。他拥抱并亲吻我,说:"谢谢你,孩子。"然后他带我进了小屋,我报告说已经完成我的使命。听了我的报告后,他告诉我,他准备推荐我获得"苏联英雄"称号和"金星"奖章,驾驶员彼得·多罗申科是"列宁"勋章,装填手费季索夫中士是"一级卫国战争"勋章(追授),机电员叶尔苏科夫中士也是"一级卫国战争"勋章。我要补充一点,这是我的第二枚"金星"奖章,但实际上我在1992年才收到!

照顾好彼得·多罗申科后，医务人员开始照顾我。女军医从我的脖子处拿下一枚小碎片。然后她让我站起来，但我无法站立。我右膝盖产生的一阵剧痛，让我不得不坐下。医务人员开始脱我的长筒靴子，但因为我腿部的疼痛，他们没法脱下来。旅长费奥多尔·安德烈耶维奇·日林严厉地说："你还等什么呢？割开靴子。"因为我穿着彼得·秋林从被摧毁的德军车队中缴获的长筒靴子，所以我恳求他们不要弄坏这么好的靴子。"让他们给你割，"日林说，"我把今早刚刚拿到的定制的军官皮靴给你。"说着，他把一双漂亮的皮靴放在我旁边的椅子上。然后，医务人员割开了我的皮靴和裤子的右腿，看到我的膝盖几乎肿了一倍。显然，膝盖被好几枚碎片击中了。我无法冷静下来，因为震惊，我浑身都在颤抖。旅长命令他们给我灌一口伏特加。我像喝水一样喝掉半杯，不久就睡着了。

夜幕降临后，我们两人被送到后方。彼得被送往后方收治重伤员的医院；而我只受了轻伤，在几个野战医院间辗转，最后在塔拉夏市一个收治轻伤员的医院结束了这段游历。这家医院成立得很仓促，设备不全，卫生条件也不好。伤员躺在接待室肮脏的地板上，没有人照顾他们。我决定马上离开那里。我找来一根木棍，在它的帮助下，我走到了雷萨亚戈拉郊区一座房子的旁边，房主是1月我们的坦克被打坏接受修理时我认识的一个女孩。我受到了很好的照顾，我的膝盖在一个星期内就治好了。由于旅长准了假，我在位于阿尔扎马斯的家里完成了治疗。

4月，我又重新回到部队，当时旅部驻扎在罗马尼亚边境上的博克沙村。然而，旅长不再是日林，而是帕夫洛夫斯基中校——此人在我看来，与其说他能让一个旅做好战斗准备，还不如说他能料理好一场由业余剧团举办的音乐会。那天我回到部队后，他命令我向他汇报，我们进行了一次简短的面谈。在他的随军妻子还有旅政治部主任莫洛卡诺夫中校在场的情况下，他宣布："我任命你为我的坦克的车长，还有我的副官。"他刚刚抵达前线,我的"红旗"勋章(我因为解放基辅收到的是这个,而不是"苏联英雄"的"金星"①)显然让他很嫉妒和不安。我回答说,编制中没有旅长副官这样的位置,而且我已经是坦克车长。我接着说,如果经过一年的战斗后,我们旅不再需要我在前线战斗,并且他不认为我配得上哪怕一名排长的位置,我宁愿请求转到预备部队。"哦,这是你说的!"他大声说。"那你可以走了!"我还可以补充一点,没过多久,这个"大将军"在他上任并指挥几场战斗后就被解职了,但这时候他已经"成功"地把整个旅毁得差不多了。不过,那个时候我已经不在该旅服役。

我在一天早上被告知,我会回到我以前的近卫坦克第207营当排长。但是,当我到达该营时,我却一点也高兴不起来。是这样的,该营营长是个少校,一个矮小的戴眼镜的老头,他刚从后方来到这个营,也没有什么战斗经验。这不好,我想。我很担心(我现在所隶属的)整个旅的未来。但我突然了解到,我们旅正在组建第三个营,负责此事的德米特里·亚历山德罗维奇·普济廖夫是一个有经验的坦克军官。我要求调到这个营,感谢上帝,他们放我去了。

1944年的整个夏天,我们都在准备进攻。我们获得了新的坦克,但没有得到一辆T-34-85。我们所有的T-34坦克装备的都是76.2毫米火炮。

有一天,具体到我所讲的事发生的时候,我和一些人站在葡萄园边上的一条反坦克壕里。我们前面一公里处有一个修道院。突然,一辆"虎"式出现在修道院后方。它停了下来。然后另一辆"虎"式开过来,接着又是一辆……我们面前一共有十辆"虎"式。我们认为这次完了,他们会杀了我们所有人——所有人都感受到了危险,眼神里充满恐惧。但我方的两辆JS-2坦克也出现在了战场上。这是我第一次看到这种坦克。两辆友方

---

① 即授予"苏联英雄"称号获得者的"金星"奖章。

坦克向我们开过来，然后停下。有两辆"虎"式从队列中脱离出来，前进了一定距离——有点邀请我们的重型坦克决斗的意思。我方坦克率先开火，并炸毁两辆"虎"式的炮塔。其他的"虎"式决定离开战场，再次躲到修道院墙壁的后面。在那一刻，我听到了无线电呼叫："法金，法金，回营指挥所。"营指挥所的人把我送到了旅指挥所，然后是军指挥所；在那里，一枚"亚历山大·涅夫斯基"勋章和一份去列宁格勒莫洛托夫高等装甲坦克军官学校接受培训的命令在等着我，该学校专门培训JS重型坦克连的连长。

　　对我来说，整场战争在维也纳结束，当时我在近卫坦克第20旅当副连长。我们没有任何坦克，甚至可以说我们属于预备队。技术副连长维克托·切布达利泽是从斯大林格勒一路打过来的，一天他对我说："中尉，我发现了一辆带空气散热器的水陆两栖车。它可以开到200公里每小时[①]。我们去巴黎吧，去好好看看姑娘和城市！"所以我们离开了（我们旅的）大部队，反正我们一辆坦克都没有。亲眼看看巴黎是我从小以来的梦想，但我们没能好好观赏城市风光——那里在举办疯狂的派对，法国女孩环绕着我们，拥抱我们，亲吻我们。完全乱成一团！英国人和美国人——大家一起疯狂。我们在那里玩了一天，然后重新回到大部队。当然，因为无假外出，我们被领导臭骂了一顿。

---

① 原文如此。"带空气散热器的水陆两栖车"可能是指德国的大众166型水上汽车，最大速度为80公里每小时。"200公里每小时"大概率只是前线战士间的奇妙传说，因为大众166型、福特GPA等当时的两栖车辆都无法达到这个速度。

第七章
"炮塔被一发炮弹打中，坦克里浓烟滚滚"
彼得·伊里奇·基里琴科

我出生于塔甘罗格一个知识分子家庭。我的父亲毕业于圣彼得堡矿业学院，是一名采矿工程师。我的母亲是一名德语老师。1936年，我们搬到了莫斯科，在那里我从德语学校毕业。在我们学校，所有课程都用德语教学，所以我的德语讲得相当不错，这对我后来在前线作战大有帮助。

我原本没有打算成为一名军人，尤其是坦克兵。然而，战争爆发时我被军队征召，同其他许多人一样。起初，我被送到了车里雅宾斯克航空学校，准备成为SB轰炸机的导航员。但这些飞机已经停产，在我学习了几个月后，学校被关闭，学生则被派遣到其他各个院校。我就是这样进入了下塔吉尔的坦克教练团。

这个团培训的是T-34坦克的机电员和炮手。实话实说，在了解了飞机上复杂的无线电系统之后，坦克的无线电系统对我们（原航空学校的学生）而言就成了小儿科。捷格佳廖夫机枪也比高射速航空机枪简单。所以，经历一个月简单学习后，我们就被授予上士军衔，并前往下塔吉尔坦克厂的补充连。坦克乘员组就是在这里，由来自不同院校的毕业生组成。

我的车组共有四个人。25岁的驾驶员库特杜兹·努尔基诺夫是一个鞑靼人,也是(车组中)唯一一个战前就在军队服役的。装填手阿纳托利·费奥多罗维奇·秋特留莫夫,和我一样也是18岁的小男孩儿。坦克车长加夫里尔科是个乌克兰人,在我看来他像一个老头——尽管他当时肯定只有22岁或23岁。在1942年的春天,我们上了前线。

我在坦克车组里担任的职位是机电员。坦克移动时,其无线电通信的理论距离约为6公里(对于车载电台来说并不远),坦克之间的通信效果很差;如果考虑到坎坷的地面和森林阻挡,效果就会更差。但从另一方面讲,它可以收听新闻——来自莫斯科的,甚至是来自国外的。这可是个非常大的缺点,因为只要战斗出现间歇,政工人员、特别处的人员和其他上司就会聚过来,一起收听苏联新闻社的新闻通报。无线电可以由坦克的发电机供电,如果发动机正在运行;但也可以使用蓄电池。另外,因为发动机的噪声会干扰信号,指挥员更喜欢用蓄电池。所以,通常广播结束的时候,蓄电池就差不多耗光了,我只好把它背去充电。

老实说,我觉得没有必要在T-34坦克上设置一个专门的机电员。无线电通信系统非常简单,车组的任何乘员都可以轻易学会如何操作。机电员作为机枪手的作用也很小,因为他的视野非常有限,机枪火力的射界更是受限。在坦克移动时,我除了天空和地面,什么也看不见。所以在车组里,我的基本职责是处理日常杂活。我帮忙清洁火炮、安装履带、补充弹药,并给坦克加油。我的体力消耗很大。他们把成箱的弹药扔在坦克边上不管不问,而我不得不擦净涂过油脂的炮弹,并把杀伤榴弹和穿甲弹区分开来。

在冬天,我还得烧开水。我们没有防冻液,所以晚上我需要放掉冷却系统的水;到了早晨又点火烧水,再次把水灌进冷却器。我还需要时不时地清洗坦克,尤其是在冬天。坦克总是会沾上行进时溅起的泥水,如果我没有及时把泥水擦掉,泥水就会冻上,这很容易导致坦克趴窝。在坦克里面,我也要擦去油脂和燃料形成的污点。

我必须说,在车组乘员之间,没有虐待或歧视年轻人的事。坦克驾驶员是我们中间最年长和最有经验的人,他拥有无可争议的权威。战前他就曾经在军队里服役,知道军队的特殊性。他从不让我们跑腿办杂事,而是始终支持我们,积极帮助我们。即使车长也乐于听取他的建议。当然,车组内仍然有高低之分。车长是等级最高的。他接收情报,下达命令,知晓周围环境的变化。坦克驾驶员次之,装填手和我会在各方面帮助他。比如坦克移动时,我会帮他换挡。T-34-76有一个四速变速器,换挡的时候需要(乘员施加)很大的力气。驾驶员把操纵杆放在正确的位置,开始拉杆,我也得抓住操纵杆一起拉。这项工作一般需要几秒钟。在行军的时候,我们时不时就得换一次挡,这活让人筋疲力尽。一次长途行军后,驾驶员往往会瘦上两三公斤。我的另一个职责是卷一根烟卷,点着,然后把它放在驾驶员嘴里,因为他的双手一直很忙。

在紧急情况下,我可以代替驾驶员。T-34是一种操作相当简单的坦克,我熟练地掌握了驾驶和射击技术。这些技术不是我以前在军校的教官那里学到的,而是现在的坦克驾驶员教会了我。我们车组乘员之间可以互相替代,但这是我们自己努力实现的,而不是条令有这样的要求。

我们从下塔吉尔到了莫斯科,加入了坦克第116旅。在1942年的夏天,这个旅转移到沃罗涅日附近。我们在奥特罗日卡站卸下车辆,并收到命令向卡斯托尔纳亚前进,击退敌方坦克和步兵的进攻。不幸的是,我们遭到了敌机空袭;几天之后,整个旅已经没剩下什么了。代价是巨大的。敌机的攻击准确而有效,它们围成一个圆圈,然后一个接一个进行俯冲轰炸。敌人的步兵和坦克部队到达时,我们只剩下数量很少的坦克。我们当然试图自卫,但我的坦克在第一次战斗中就被打坏,失去了战斗力。战斗前,车长拥抱了坦克驾驶员,拍了拍我们这帮年轻人的脑袋。他有一种预感。他的脸色非常苍白而阴沉。我们觉得他很不正常……

炮塔被一发炮弹击中，坦克里浓烟滚滚。车长的一只胳膊被扯了下来，他的身体一侧被撕碎。他痛苦地尖叫着。太可怕了。我们试图为他包扎伤口，但还是帮不了他。他失血太多了，最终死在坦克里。我们失去了我们的车长，附近又没有别的军官。主炮不能用了，但我们的坦克仍然可以移动。另一辆坦克正在离我们很近的地方。它的行动装置被打坏，但车组还在射击。我也继续用机枪射击，试图把德国人挡住，但我什么也看不见，因为我们在一片成熟的麦地里，麦子遮住了我的视线。

天黑了。周围没有人，我们已经可以听到身后传来枪炮声——德军部队试图从右边包抄我们。我们决定逃出去。我们牵引着旁边的坦克，回到己方战线。我们周围到处都是德国人。不知怎的，我们成功到了卡斯托尔纳亚，发现我们旅的一个军官。他命令我们去沃罗涅日。我们是饥饿得不行了。我记得我们在卡斯托尔纳亚时曾进入一个废弃的商店，发现一箱生鸡蛋，然后就生吃了好几十个。居然没出什么事！在7月11日或者12日，我们到了沃罗涅日。我们感到相当不安，因为脱离了战场，我们甚至害怕被判处死刑。但从另一方面讲，我们并没有抛弃坦克，我们已经尽了最大的努力。感谢上帝，原来一切平安。我们和受损坦克一起被送到莫斯科的一个修理厂。我的第二次战斗就要等到冬天了。这是勒热夫—瑟乔夫卡进攻战役，当时我们隶属的第240旅在第30集团军编成内战斗。

我们在为进攻做准备时，也得到了自己的冬季军服——棉袄和毡靴。不幸的是，任何衣服在坦克里都磨损得很快，并且没有可以替换的衣物。虱子无处不在。我们甚至把它们带到了莫斯科，只有在那里，我们才能成功摆脱它们。我们在哪里睡觉？准备进攻时，我们住在掩体里；作战期间，我们就睡在坦克里。虽然我又高又瘦，但还是习惯睡在自己的座位上。我甚至喜欢上了在这里睡觉！行军之后，最好的睡觉地方是温暖的变速器，当然你需要在它上面铺上帆布。帆布才是一辆坦克中最重要的东西！在冬季你不能没有它。至于吃的食物，我认为当时真不错。比如在进攻之前，我们总是能得到满盆的汤、带肉的粥，还有烈酒。

在勒热夫—瑟乔夫卡进攻战役中，我们旅强渡伏尔加河，并在右岸建立了一个登陆场。两个星期时间里，我们都在努力扩大登陆场。一次，我的坦克陷了在一条小河里。河面被雪覆盖，但水仍在流动。河右岸被冰覆盖，相当陡峭。我们所有的努力都以失败告终——坦克陷住了，车尾还在水里，发动机和变速器在水面以下。德国人向我们开火。我的机枪只能朝天射击，但车长仍然设法用坦克主炮阻击了德国人。我们的坦克是唯一一辆留在无人区的（坦克）。天黑下来的时候，车长命令我去营部，并解释我们这辆坦克的情况。此时，我的德语知识帮助了我。我沿着德军的战壕移动，能听到敌方士兵讨论他们目前的情况和明天的战斗计划。当我到达我方指挥部时，我向营长汇报了这些情况。在早上，我们的步兵部队投入战斗，一个坦克排带着摩托化步兵前来救援我们的坦克。德国人被打退，我们的坦克也被拖上岸。我获得了"勇敢"奖章，很快我就被送到车里雅宾斯克坦克技术学校。

在这所学校里，我们学习了野外条件下KV坦克的使用和维修。我们也学了如何射击。我们了解了发动机、变速器和行走机构的相关知识，并掌握了驾驶技术。那些教官都非常有经验，还让我们在工厂进行了实习。我学习了一年左右，后被授予技术少尉军衔。

在1944年的春天，我被派到坦克第1军第159旅的坦克保养连。四名修理工人和一名移动维修车的驾驶员都由我指挥。起初，我可以使用一辆A型移动修理平台，它由嘎斯-AA汽车改装而来。车里面是个工作台，配有虎头钳、工具箱和一台链式起重机。我们的配件来自仓库，或是直接从受损的坦克上拆下。后来，我接收了一辆缴获的德国克勒克纳-道依茨卡车，车上装着柴油发动机和一个大型木制车身，内部还有复杂的电气设备。在冬季，(德国卡车的)所有这些东西都坏了。我发现了一个德国机械师，带着他来修理这辆卡车，但他能做的就只是耸耸肩膀："电气系统坏了。"他什么都不懂。

我们的任务是修复坦克所有受损的部分，除了火炮。在这里，我的德语知识有时也能帮助我。作为修理工，我们也不得不从受损车辆中清除己方坦克兵的遗骸。我经常带一些德国战俘来帮我清理断肢残臂，并清洗坦克的内部。

我们旅参与了强击柯尼斯堡。发起攻击之前，爱沙尼亚人民赠送给我们一队坦克，并为其取名"连比图"纵队。连比图是12世纪反抗条顿骑士团的爱沙尼亚民族英雄，后来与诺夫哥罗德共和国建立同盟。因此，他象征了爱沙尼亚对日耳曼侵略者的抵抗，以及爱沙尼亚与俄罗斯之间的友谊。

我们旅在战斗中不是作为独立分队行动，而是将坦克加入由步兵、火炮和自行火炮组成的强击群，坦克因此成为其中一部分。1944年4月6日，这些强击群开始对城市实施进攻。战斗是激烈而损失巨大的。许多人被打死，许多坦克被摧毁。德国人的抵抗(指激烈程度)难以想象。他们为每一间房子、每一个地下室、每一块石头而作战。然而，经过四天的战斗，我们终于粉碎了他们的抵抗。他们在4月9日投降。我们修理连在战斗中冲进城市，寻找因损坏需要维修的坦克。战斗局势的确是紧张的，因为德国人离我们很近。进攻行动结束时，我们成功修好了几乎所有的受损坦克，除了那些被烧毁的。我被授予"红星"勋章。

我见没见过坦克被故意损坏的情况？没有。只是有一次，一个坦克驾驶员忘了及时把水换成防冻液，结果发起攻击时坦克无法使用。发动机很快就被更换，而这个驾驶员的疏忽被认为是怯战行为，甚至有被送往惩戒连的风险。然而,他的良好声誉和经验救了他,只是战斗之后,他也没有获得任何奖励。

战争即将结束时,我们旅几乎没有剩下坦克,我们把剩下的车辆移交给了另一个旅。我们这些剩下的人留作预备队。然后在5月9日,我们庆祝胜利的到来。战争结束了。

我们是怎么对待德国人的?对我来说,这是一个很难回答的问题。我的同辈人只有在前线,在德国人用大炮、飞机和炸弹向我们进攻的时候,才第一次看到德国人。对于他们来说,一看见敌人就去消灭他,这是一件很容易理解的事情。就如西蒙诺夫的诗所说:"杀死德国人——见到就要杀死他!"但对我来说,这要复杂得多,因为我就读于一所德语学校,那里的老师和多数学生都是逃离德国法西斯魔掌的政治难民。他们是真正的反法西斯主义者,而我们(学校里的苏联人)把他们看作非常亲密的朋友。

至于战场上的德国人——毫无疑问,他们会杀死我们,会摧毁我们的生活,所以我们对待他们难道还有可能不一样吗?但随着前线战局发生变化,我们对他们的态度也在慢慢改变。战争开始时,和我们作战的德国人年轻、强壮、嚣张。即使被俘,他们仍然保持着嚣张气焰:"你今天俘虏了我,但明天我就要让你舔我的靴子!你这劣等人种!"然而,一旦我们开始击败德国人,他们就会变得不那么自信。到战争结束,我们抓住的德国人大多是老人或孩子。他们再也没有主宰世界的心思了。他们看起来有点迷惑——虽然这些人也会奋战到底。当然,他们不是为了保卫自己在东方征服的土地而战,他们只是认为,如果我们这样的"野蛮人"进入德国,会把他们每个人都驱逐到西伯利亚,会强奸德国妇女,会建立苏联式的集体农庄,把共产主义强加到他们身上。他们会死硬地战斗到最后一刻,但如果被俘虏,我也会从他们脸上看到一种释然的表情:"感谢上帝，对我来说战争结束了。"

我们对德国平民的态度也不同。我方很多士兵的亲属被德军杀害或驱逐，家园被德军摧毁，在一开始，他们认为对德国平民也应当以牙还牙。但我们的人民其实并不热衷于复仇，怜悯心是苏联的战士与平民都在逐渐产生的。

我记得在一个普鲁士小城里发生的一件事。我把车开到一所房子门口，想给发动机找点水。一个哨兵站在地窖的门口，我能听到下面有声音传来。我问哨兵里面是什么人。

"德国佬。他们没来得及逃跑。男人、女人、孩子——整个家庭。我们把他们锁在这里。"

"你为什么要把他们关在这里？"

"谁知道他们是干什么的？倘若我们让他们出去，就再也找不到他们了。不信你看一下。"

我往下走到地窖里。起初，我在黑暗中什么也看不见，但后来我看到了那些德国人。这里面相当嘈杂，因为孩子们在哭。然后，他们注意到我，沉默了下来。他们惊恐地看着我，显然在等着我强奸、开枪、杀戮。当我用德语对他们说话时，他们显得很意外，也很高兴，试图塞给我礼物或者钱之类的东西。我想："所以这就是你们的下场，可怜的人们。骄傲地认为自己高于其他所有人的德意志民族，现在却沦落到摇尾乞怜、请求宽恕的地步。"他们让我感到既可怜又厌恶。

所以，我的态度是逐渐发生改变的，从战前友好的感情，经过战争前期刻骨的仇恨，最后变成了怜悯。

第八章
"我们的坦克是最好的"
亚历山大·谢尔盖耶维奇·布尔采夫

1925年9月15日,我出生在斯大林格勒州(现在叫伏尔加格勒州)的乌留平斯克市。1941年6月22日,我本来要和朋友去钓鱼,但有人对我说:"嘿,十二点莫洛托夫发表了讲话。""说什么?""宣战了。"

1941—1942学年里,我在上九年级。1942年夏天,德国人逼近斯大林格勒的时候,所有比我大的同学都志愿上了前线,而且他们几乎都死了。我们这些岁数比较小的人被编入民兵营。我们的职责是抓住间谍和破坏分子,保卫军事设施,保证灯火管制顺利实施。由于人手不够,当地政府要求列宁共青团提供帮助。我们得到了步枪和弹药,在城里巡逻,守卫区党委大楼和市苏维埃大楼,并帮助守卫食用油工厂和列宁工厂,后者为军队生产迫击炮。我们从来没有抓到破坏者,但抓到过小偷和投机倒把分子。

在秋天,我考入了农业技术学校。11月,我军正在准备斯大林格勒反攻的时候,许多部队来到城里,一些坦克兵住进了我家旁边的房子里。我养成了去找他们的习惯,如俗话所说——我和T-34坠入了爱河。坦克兵们让我看了坦克,并告诉我它的特点。他们的指挥员是陆军中尉谢尔盖·安东诺维奇·奥特罗先科。信不信由你，1944年我去乌克兰第三方面军，到了苏博季察，结果就被分到他指挥的营里——此时他已经是少校了。

在农技校学习一年半后，1943年，不到19岁的我应召入伍。起初，部队不接受我们，但经过我们的强烈恳求，当地兵役局局长也同情我们，让我们去了萨拉托夫第一坦克学校。我在上中学时就学会了一手好枪法，知道如何摆弄枪械，熟悉拖拉机的结构，所以军校的课程对我来说很容易。这就是为什么宣誓后短短两个月时间，我就被授予下士军衔，并成为一名班长，然后当上了副排长。学员穿着短靴和绑腿，而我们这些指挥员分到了补过的长筒靴。但我们该怎么清理它们？没有鞋油啊。所以，我们把糖调得像粥一样稠，然后把靴子擦得像漆皮一样闪亮！

在食堂里，八个人坐一张桌子。我们的早饭是一个罐头，还有白面包或者黑麦面包，以及二十克黄油。午餐有两道菜和一个水果拼盘。面条和炖肉——我在家里从来没有吃过这样的东西！他们就给我们吃这些。我们都变重了，但还是老觉得饿，因为工作量实在太大。我们要在六点钟起床。不管天气如何，我们都穿着汗衫、马裤和皮靴锻炼跑步。接下来是八小时的学习时间、两小时的休息时间，晚上十一点熄灯。快到吃午饭的时候，我们会整队，连长会在一个角落里观察我们。当我们走近食堂，他会蹦出来，大声喊："全连，向后转！你，走得不好，你，歌唱得不好！"我们就会再来一遍。吃完饭，我们走出食堂后想轻松一点，而他会站在台阶前面："十五分钟，行军，跑步走！"我们就这样习惯了命令和纪律。

我们在学校待了很长时间——十八个月。在大约一年的时间里，我们通过学习了解了"玛蒂尔达"和"瓦伦丁"坦克，然后是T-34坦克。他们教得很好。我们在课堂上学习理论，在靶场上花几个星期实习——驾驶，射击，对坦克单车和分队战术进行分析。同时，我们了解了步兵战术，因为我们需要和摩托化部队进行配合。我们所属的教导营是由一个老骑兵布尔拉琴科指挥,他曾经参与国内革命战争、1939—1940年的芬兰战争,以及伟大的卫国战争的初期战斗。但我们的连长德拉文列茨基未曾参战。训练结束时,我的驾驶和射击水平已经相当不错。

我们在T-26和BT-7坦克上练习驾驶,实践战术,并在我们训练用的坦克上射击。我前面就说过,起初学的是"玛蒂尔达"和"瓦伦丁"坦克,然后是T-34坦克。说实话,我们害怕被安排在外国坦克里战斗——"玛蒂尔达"、"瓦伦丁"和"谢尔曼"都是棺材。诚然,它们的装甲有韧性,不会被打出碎片,但驾驶员的位置是和别人隔开的,如果你转动炮塔,然后坦克被击中无法前进,那么驾驶员根本逃不出来。我们的坦克是最好的。T-34是一种了不起的坦克。

1944年8月,我们被授予少尉军衔,之后前往的是下塔吉尔坦克厂;在那里,我们被分配到各个增补连。一个月的时间里,我们忙着学习战术、射击和驾驶。然后,我们分别得到了自己的车组;大家(车组乘员)来到厂房,听厂方人员指着坦克壳子对我们说:"这是你们的坦克。"我们和工人一道把轮子装上,并尽可能多地帮忙。有些高级别专家在干装配工作,有一些工人是非常年轻的家伙——那里有些驾驶员才13~14岁。想象一下,一个偌大的车间里,左边右边都是坦克组装线,然后一辆坦克以每小时30公里的速度冲进来,只有那么大点的一个孩子在操纵!你根本看不见他!坦克宽大概三米,而车间大门的宽度也就三米二,坦克就用那么快的速度冲进大门,冲上站台,再停下来。顶呱呱的技术!

我们给我们自己组装好坦克后,就马上把它开出去50公里,前往靶场练习射击。在这里,我不得不谈几句我的车组乘员们。驾驶员曾服刑10年,接受短期培训后只能勉强操纵坦克。炮手曾经是萨拉托夫一艘内燃机船上的餐馆经理,是一个块头长得很大的家伙,只能勉强让自己硬挤

第八章"我们的坦克是最好的" / 137

进坦克。装填手出生于1917年,是个有点智力缺陷的人。没有第五个乘员。这都什么乘员——全都一点实战经验也没有。

坦克跑了50公里后,我们去靶场进行射击。在下达命令"前进"后,我们开到了射击线上。我命令:"装杀伤榴弹!"装填手抱起一发炮弹,装上。停顿片刻。炮手开炮——打到靶子外面去了。我朝他喊:"缩短距离!"但是装填手不见了,火炮的后坐动作把他吓跑了。我抓住他的衣领,把他拉回来:"让你装弹!"我们的试射并不顺利。

我们驾驶坦克回来,并登上一列专列,经过莫斯科、乌克兰和摩尔达维亚,到达罗马尼亚。在我们把坦克装上火车之前,我们分到了一大块帆布,大约是十米见方。我留下装填手看守坦克:"小心点,不要让别人顺走了帆布。"然而,当我们在早晨醒来——帆布没了。我叫醒大家:"帆布在哪里?随你们怎么弄,但在出发的时候,我必须看见帆布。"我不知道他们是在哪里找到帆布的,但它确实被找回来了。

在路上,我们的装填手得了痢疾,因此留在医院。当我们到达罗马尼亚时,炮手有一个手指头肿了,也被送去医院。于是,在1944年9月我来到坦克第170旅的时候,手下就只剩我的驾驶员。当我们到达所属的连,连长V.P.布留霍夫召集了所有的坦克车长和排长:"这样,我们有三个出色的后备坦克兵,他们期待投入战斗。如果有人觉得自己的乘员不像样子,我们可以为他换人。"我申请更换驾驶员,并有了新的炮手和装填手。

我不得不说,瓦西里·帕夫洛维奇·布留霍夫是军官中的军官。他勇敢,也有才华,是一个真正的指挥员。战斗中,他总是冲锋在前。谁会待在侦察群?总是布留霍夫!他会用计谋完成任务,而不是采用正面硬拼的方式。他在20岁就当上营长绝非偶然。他总是照顾年轻人,会让那些有战斗经验的人先投入战斗,第二或第三波次才是那些年轻人,直到他们能够习惯一切。我们从这些经验丰富的坦克兵身上得到了很多帮助。他们教我们坦克作战的学问和计谋。他们向我们解释如何运动，如何走位，以免被炮弹打中。他们让我们拆掉车长的两扇舱盖门闩上的弹簧（连一个相当强壮的健康人想要打开都很费劲，而受伤的人根本就办不到）。他们解释说，这是为了保持舱口打开，从而确保乘员更容易跳出来。他们给我们校准火炮。为了让我们做好准备、迎接战斗，他们做了一切。

很快，我们就要第一次发起进攻了。车长们被叫过去："你们看见小树林没？敌人就在那里。你们的任务是绕过树林，到达能够实施行动的空地。"我们钻进坦克。"前进"的命令下达后，我们就出发。我的坦克在移动、射击，我看到左右两边的我方坦克被打着。但我不确定（这些坦克里的）车组人员有没有逃出来。炮手开炮了。我下令："右30，敌火炮。左20，敌机枪。杀伤榴弹，放。"

我只有一个愿望——尽可能靠近敌人，使他们无法射击，然后快速地消灭他们。我对着有敌人开火的那些地方，开了一炮又一炮。我们靠近德军阵地。满地都是被掀翻的大炮和敌人的尸体，还有燃烧的车辆。我们占领了小树林，绕过它，并进入前面的空地。德国人拖着火炮在我们前面逃跑，距离我们一公里左右。当他们开始调转炮口，我们也停下实施射击。然后，他们放弃了火炮，继续逃跑。"前进！"我正幸灾乐祸的时候，我的坦克突然掉进一条大沟，炮管扎进了沙子里。我们不得不停下来，清理炮管，再追上我方连队，当时他们已经在前方一公里以外了。这就是我的第一次战斗。

塞克什白堡附近的战斗尤其激烈，我在那里第一次击毁了敌人的坦克。当时是下午。在我们进攻的时候，一辆敌坦克突然从一小片树林里缓缓驶出，在我们前方大约600～700米处，其车体右侧对着我们。我们后来了解到，德国人修筑了掩体，而这辆坦克显然是要开往其中一处掩体，进入防御阵地。我告诉装填手："穿甲弹。"我还对炮手说："小树林右边，一辆坦克。"他猛地开出一炮,炮弹击穿了敌坦克的侧面——这辆坦克立即着火了!

有一次,在12月,我们要包围一股德军。经过一夜长途行军,我们停下来休息。我们把自己的坦克伪装了一下,就睡觉去了。当我们在早晨醒来,在300米外的地方看到了什么?几辆伪装成草堆的德国"虎"式坦克正在爬坡。我们赶紧准备开溜。我们启动了发动机,将坦克开进一个山谷。沿着山谷,我们绕到了"虎"式的侧翼,开始对它们发射炮弹,打着了其中两辆。我们的三辆坦克爬上山谷左边的斜坡,但很快就被停在右边某处、我们看不见的敌坦克打着了火。然后,德国人撤退了,我们才得以继续前进。

我们夜以继日地前进。1944年12月26日晚上,我们占领了多瑙河畔的埃斯泰尔戈姆市。然后,我们看到一支大约由20辆车组成的纵队从西面开过来。我们分散开来,坦克横跨道路排成战线。(该纵队)最前面的车辆在一辆坦克旁边停下。有人对车辆驾驶员喊:"举起手来!"但这个驾驶员跳了出来,随即被冲锋枪扫倒在地。他们其余的人要么被打死,要么被俘,他们的车辆里装满了奶酪和香肠。我们囤攒了食物,在城市西侧过了一夜,次日上午继续前进。一个排所属的三辆坦克组成前方侦察群,在大部队前面开道。我们刚离开城市,打头的坦克就遭到隐藏在路边小树林里的敌人攻击,三辆坦克都被摧毁。我们撤到城市里,没有贸然与敌交战,而是从侧面包抄树林,来到一个火车站。我们在那里俘获了一队轻型坦克,并将其留给位于我们后方的战利品收集队。我们穿过群山,前往科马罗姆市。12月30日,我在接近科马罗姆市的过程中受伤了。当时一辆德国坦克埋伏在灌木丛里,向我的坦克开炮。对方的一发炮弹击中(我的)坦克炮塔。我被震伤,左胳膊也折了;除此之外,我还被装甲破碎后产生的碎片击伤。第二发炮弹击中我们坦克的传动装置,坦克起火,但我们全都设法逃出来了。

我在医院里一直晃悠到差不多1945年2月中旬。出院后，我发现自己被上级分到了另一个营，成为一名排长。我们部队部署于克列茨湖和巴拉顿湖之间的第二道防线。我们给坦克修好工事，把坦克半埋起来，在坦克下方又挖了一个坑，用于车组乘员的休憩，坑的上面盖着防水帆布。一名乘员在坦克里观察，而其余人休息。我们大约距离前线三公里。我们（第二天）的早餐会在午夜时分送来，而午餐、晚餐外加100克伏特加酒在凌晨四点钟送达。一次，我们正在坦克下方吃饭，敌人的"瓦纽莎"①炮击了我们的阵地。坦克没被击中，但我们吓了一大跳。

我记得，我们右翼的部队是一个SU-100自行火炮连。该连向前推进了大约一公里，在一个居民点外围停下。天刚要亮的时候，一辆自行火炮像火炬一样被打着了，然后是第二辆、第三辆、第四辆、第五辆、第六辆……所有的自行火炮都被德国人击毁了。

不久后，我们重新转入进攻，我们的航空兵料理了前沿——这里被完全炸平了。我们看到我们的"伊尔"飞机在空中起火、爆炸，但我们在进攻的时候看到这些飞机的工作成果——被炸飞了炮塔的"虎"式们——还是很开心的。

我们向舍夫隆市前进。在3月14日或15日，我摧毁了一辆德国自行火炮。它当时在工事里轰击我们的友邻部队，当我（的坦克）从后面靠近，它的乘员甚至没发现我。在它试图离开工事并前往下一个射击位置的时候，我的坦克猛地打出一发次口径穿甲弹，直接打穿了它。瞬间它就燃烧起来了！不久之后，我们又消灭一个37毫米火炮连。这是一次幸运的突

---

① "瓦纽莎"是苏军士兵仿照"喀秋莎"为一些大口径火箭武器起的称呼，包括德国的Nebelwerfer41六管火箭炮和苏联的M-28/30/31火箭弹。这里显然是指德军六管火箭炮。

破，我们从敌人的后方向其靠近，冲上去，然后碾轧了他们。我被推荐获得"红旗"勋章，但发下来的是"一级卫国战争"勋章。之后，我又得到了"红星"勋章。总而言之，我消灭了一辆坦克、一辆自行火炮、若干(我不知道有多少)小坦克①和装甲输送车，还消灭了数量可能达到200～300人的敌方步兵。

1945年3月30日，我们占领了一个村庄，并俘虏位于村里的一个纵队及其技术装备：有战俘、(普通的非战斗)车辆、装甲输送车、火炮，只是没有坦克。我们停了下来，为坦克补充弹药并加油。敌人撤退了三公里。一切就绪，可以继续进攻了。营长说："你去前方当尖兵。"我命令我的坦克前进。驾驶员在驾驶坦克，我坐在他右边(位于坦克外部的)球形机枪座那里；而我的炮手和机电员坐在炮塔顶部，上半身在外面，脚耷拉在舱口里面；大约10名步兵坐在车身后部。第一辆坦克出发，我们的坦克跟着；道路泥泞不堪，第一辆坦克留下了深深的辙印。我的驾驶员稍向左转，以免陷入辙印，突然出现一声爆炸——坦克被地雷炸飞了！炮塔飞出去20米远，炮手和机电员也跟着飞出去了。他们仍然活着，只是两人的腿都残废了。我被冲击波扔到一间房子的屋顶上，然后从上面滚下来，摔在院子里。我成功着陆——哪儿都没坏。我把房子的大门打开，蹦到街上。坦克在剧烈燃烧，主炮炮弹和机枪子弹在爆炸。我看到营党委书记倒在距离坦克约4米的地上。他身上溅满了燃料，正在燃烧。我扑在他身上，把火扑灭，拉着他走到房子大门的另一边。原先待在坦克里的驾驶员和装填手死了，坦克搭载的几乎所有步兵也死了。而我只负了点轻伤——耳膜破裂而已。

大约有一个星期的时间，我都待在营预备队里。等我身体恢复了一

---

① 原文如此。"小坦克"这一用词并没有表明具体的坦克类型，只是布尔采夫觉得相应的坦克小。

点,营长指派我当参谋长,因为原来的参谋长和他的副手都负伤了。

有一次,我们占领了一个居民点。它所处的位置很糟糕,位于两处小丘之间的山谷里,容易遭受周围打击,德国人则在山坡上修筑了工事。我们第一批五辆坦克沿着道路,向居民点外围东边行进。当这些坦克靠近房子——"砰""砰""砰"几声响,全部五辆坦克都被打着了。但我们需要冲过这个村子,继续前进。又有三辆坦克被派出去,也被打着了。我们没再派别的坦克,因为我们发现了一条道路,可以通过这条路穿过小山绕过去,从后方冲进村子。我们把一处山丘上的德国人赶跑了,但他们部署在另一处山丘上的人一直在开火。营长的坦克停在一间房子后面,营部的无线电员正和我在旁边的一间房子里说话;就在这时,一发炮弹突然穿过窗户,打中了他的脑壳。他的脑浆子飞了出来,眼睛爆开……我曾经和死神面对面,但这次也被吓坏了。我扔下无线电台不管,跑下前面的台阶,然后去找营长。两个房子之间的距离大概是30米,且这段距离暴露在德国人不停扫射的机枪火力之下。我跑了大约10米,德国机枪的一阵点射打在我前面。我停了下来。对方机枪手停止射击时,我重新再跑,接着一排子弹打在我身后,但我还是成功跑到营长那里,说出了一切。然后我们设法逃出生天了。

最可怕的时刻?是这一次……当时我的坦克乘员已经成为连长坦克的车组。在一次战斗中,我们车组和德国坦克慢吞吞地对射。我方步兵在我们前面的战壕里。连长坐在车长的位置上,叫我在坦克附近找个地方躺下睡觉。突然,一个喝大了的步兵大尉拿着手枪爬出战壕,沿着战壕的方向往前跑,在机枪火力形成的弹雨中大喊:"我要和你们所有人对枪!"然后他向我们的坦克走过来,看到我在睡觉。他狠狠给了我一脚:"我要毙了你,你这个混蛋!""你要干啥?""你为什么躺在这里,"他喊道,"去战斗!"我愣了。他正要扣动扳机,我的炮手——一个健壮的小伙——刚好听到喊声,爬了出来,从炮塔上扑到大尉身上。他从大尉手中夺过手枪,狠狠地打了他的鼻子!这家伙稍微清醒一点了,他站起来,回到了自己的战壕里,一言不发。这是真正可怕的一次。要是没有炮手在旁边,我就已经毫无价值地死掉了。

  1945年5月,我们把剩余的坦克转交给另一个营。整个旅一直战斗到8日,但我们已经转到预备部队。5月7日,营长被叫走。虽然我只是一个少尉,但仍然在代理参谋长一职,他(营长)对我说:"安排庆祝活动吧。他们说战争要结束了。"我们驻扎在一座庄园里——那里什么都有,有牲口,还有酒。当营长在8日零点左右返回,他说:"伙计们,战争结束了。"接下来的场景难以描述:我们纷纷朝天开枪,不管是冲锋枪、手枪,还是信号枪。接着,我们所有的人坐在一张桌子旁,喝了个痛快。

第九章
"只有比较幸运、聪明且狡猾的车组才能活下来"
瓦西里·帕夫洛维奇·布留霍夫

1924年，我出生在乌拉尔的彼尔姆州奥萨市。1941年，我高中毕业。我最喜欢的科目是军事理论和体育课。虽然在1941年，我的身高只有1.62米，体重不过52公斤，但大家都认为我是个顶呱呱的运动员。我非常喜欢军事理论课，希望毕业后去海军学校。成为一名海军军人是我的梦想。他们的军装太帅了！

当时，我们知道战争即将爆发。1941年2月和3月，有关部门开始征集预备役军人，以组建新的部队，我们学校里许多年轻教师都走了。我们那时不愿学德语，真是傻得可以！有个老师说，我们在即将到来的战争中需要用到这门语言，我们却逞能地说："没关系，等战争开始了，我们就用大炮和机关枪跟德国人理论。我们不会跟他们说别的语言。"战争结束时，我已经当上营长，抓到过许多俘虏，可是没法审问他们，因为我会说的德语只有"举起手来"和"走"。当然了，那时我确实后悔没学这门语言……

我们学校在6月20日举行毕业典礼。21日，全班出发去乡间野餐。大家把能带上的食品都带上了——土豆、香肠，还有萨洛猪肉。6月22日是星期天，我们在午饭时间回到城里，听见了大叫声。一些熊孩子跑来跑去玩着骑马游戏，他们把一根棍子夹在两腿中间，另一根举在空中，就像挥舞马刀的骑兵一样，边跑边喊："打仗了！打仗了！"我们跑回了家。大约40分钟后，我和班上其他同学都聚集到了当地的兵役局。当时我真怕错过战争！我们都以为仗只会打一两个月，反正不会比这更久。

一批又一批新兵被送走，到了9月，城里已经空空荡荡。40岁以下的男人全走了，只剩下妇女、我们这样不到17岁的半大小子和老人。这里我要补充一句：深处俄罗斯腹地的我们感受不到1941年撤退和失败中的种种悲剧。我们离前线远得很。当然了，我们也开始意识到敌人很强大，战争将持续很长时间。整整一个夏天，我一次又一次地去兵役局申请。到9月15日，工作人员终于送我去新组建的独立歼击滑雪第1营，因为我是当地的青年组滑雪冠军。

我在这个营里接受了一个月时间的训练，可是指挥员们能教我什么？我教他们还差不多。所以，大部分时间我都在帮助那些自己也不太会滑雪的指挥员。后来，上级部门把我们营送上火车，目的地是加里宁。我们在车站下车时遭遇德国人的空袭，我伤了一条胳膊还得了炮弹休克症，于是进了医院。后来我才知道，滑雪营原有的366个人里，只有40多个人活了下来。

接着，他们（上级有关人员）送我去了位于彼尔姆的航空技术学校。我对此强烈抗议——我不想当技术员，我想当指挥员！他们试着劝了我几次，最后还是在1942年夏天送我去斯大林格勒坦克学校。德国人打到斯大林格勒时，上课满三个月的学员都被派到前线，而我们这些新生被疏散到库尔干。我们的火车是1942年9月初冒着猛烈空袭，离开斯大林格勒的最后一趟车。

学校在库尔干重建，我们也重新开始训练。我们学习了T-37、T-28、

T-26、BT-7、BT-5和T-34坦克的相应课程。必须指出的是，我们的基地和训练场十分简陋。战后，我在奥地利参观过德国人的一个坦克训练中心——不用说，那里的条件要好得多。比如，在我们的主炮训练中只能打固定靶，机枪训练中只能打起倒靶。训练时有个士兵带着靶子坐在壕沟里，他会通过电话接收命令："升起靶标！放下靶标！"可是德国人有一套滑轮系统，它连接在一个很大的转轮上，能让主炮和机枪的靶子都动起来。那个转轮是手摇的，靶标出现的间隔会根据转轮转动的速度有所变化。德国坦克手的训练水平更好，在战斗中和他们遭遇是非常危险的。我从学校毕业时，只不过用主炮打了三发炮弹，用机枪打了一个弹盘。这算什么训练？校方相应人员给我们上过一点驾驶BT-5的课程，可是他们只教了基础知识——启动发动机，然后沿直线行驶。我们接受过战术训练，但基本上是靠徒步行走来模拟坦克机动。直到训练末尾，我们才上了一堂关于"坦克排进攻"的示范课。就这么多了！我们的训练水平非常糟糕，不过我们对T-34坦克(实物)研究得很透彻。

学校每天上12小时课，我在那里学习了4个月。其实训练课目的完整时长是6个月，但包括我在内，有28个最优秀的学员提前毕业。1943年4月毕业后，我被授予中尉军衔，并立即担任坦克排排长。为了接收坦克，我们登上火车，前往车里雅宾斯克，到后备坦克第6团报到。坦克还没造好，由于工厂里人手不足，我和一个朋友被派到厂里工作。我很快就学会了操作半自动车床，干了两个星期给汽缸体镗孔的活。我们是义务劳动的，报酬只是一张饭票而已。等工厂生产出二三十辆坦克，就可以装满一列火车了。这时坦克乘员也配齐了。我和我的乘员接收了一辆坦克，把它开到50公里外的靶场，用主炮打了三发炮弹，用机枪打了一个弹盘，然后这辆坦克就被认定为正式完工，可以送上前线了。我们回到工厂，把坦克洗过一遍，并装上了火车。

我们在1943年6月到达库尔斯克，被编入坦克第2军，这个军属于防线的第二梯队。我们到达后没几天，库尔斯克战役就打响了。我在这一战里接受了战火的洗礼，但因为这是一次防御战，不是进攻战，所以我记得不是很清楚。我们在一些地方打退了德国人的进攻；在另一些地方先是撤退，后来又跟步兵一起实施反攻。有些老兵能把他们战斗过的那些居民点和城市的名字毫不含糊地背出来，这真让我吃惊。他们到底是怎么记住那么多地名的？我因为战后重游了几次故地，又几次在采访中描述过那些战斗，现在才能记起我们曾在马亚奇基村和伏罗希洛夫国营农场村战斗。

作为一名T-34-76坦克的车长，什么事都得我自己干——用主炮射击，（作为排长）通过电台指挥全排，等等。坦克手只有在穿甲弹打穿自己坦克的装甲时，才会意识到中弹了。我待在坦克里的时候从没怕过。当然了，接到任务时我会焦虑不安，我知道自己不得不向敌人进攻，可能因此死去。即使在跳进坦克，坐上座椅后，我还是很紧张，但战斗一开始就顾不上这些了——我只管横冲直撞和射击。

如果车组训练有素，坦克主炮的射击速度可以非常快。我会在炮瞄镜里找到目标——短停，打一炮，再找下一个目标。我会把主炮（炮口所指方向）从左边摇到右边，大喊："穿甲弹！杀伤榴弹！"发动机一直轰鸣，所以我听不到外面的爆炸，我自己开火时也听不到坦克外面的任何动静。只有自己的坦克被穿甲弹击中，或者杀伤榴弹贴着装甲爆炸时，我才会想起有些家伙正朝我开火。除此之外，快速射击时主炮产生的废气会在炮塔里积聚。在冬天，通风系统能有效地将废气排出，但在夏天就不行了。有时我会对装填手大叫："装杀伤榴弹！"这时他应该大声回答："明白，杀伤榴弹。"装完炮弹以后还要喊："杀伤榴弹装好！"可是有时他也会一声不吭。原来他已经倒在弹药架上不省人事——这是被废气熏的。战斗激烈时，没有几个装填手能坚持到最后。他们的工作比别人辛苦，一发85毫米炮弹大约有16公斤重，对装填手的体力消耗非常大。机电员、车长和驾驶员在战斗中从来不会累垮。总之，我在坦克里一点也不害怕。当我的坦克被打坏，不得不选择弃车时，我还是有点害怕的。但坐在坦克里面的时候，我可没工夫害怕，反而忙得很。

我们军在普罗霍罗夫卡战斗中属于第二梯队。在那片战场上，各坦克之间的距离不到100米——这种情况下，坦克根本没法机动，只能进行短距离的前冲和后退。那不是战场，是针对坦克的屠宰场。我们只能前进、后退、开火。一切都在燃烧。战场上弥漫着难以形容的臭气。所有东西都被烟雾、尘土和火焰笼罩，白天看着就像黄昏一样。空军不分青红皂白地轰炸。坦克在燃烧，卡车也在燃烧。所有通信线路都中断了，电话线缠在我们坦克的履带上。我们的电台被干扰——我想发送一条电文，但发报过程突然中断，电波频率被塞爆了。按理，我应该转到备用频率，可是在这样激烈的战斗中，谁还记得备用频率是多少？

我们在早上8点开始进攻，几乎立刻和德国装甲部队战成一团。我的坦克是大约一小时后中弹的。一发炮弹不知从哪里飞来，打中了诱导轮和第一负重轮。坦克往边上一歪，停了下来。我们马上弃车，躲进一个炮弹坑里。那种地方可不适合修理坦克。那是普罗霍罗夫卡啊！如果坦克在战斗中不能动了，你就得马上弃车。否则就算头一发炮弹没打死你，也会有另一辆坦克上来要你的命。交战双方是在极近的直射距离上互相摧毁。我爬进另一辆坦克，但是打了一阵该车也被击毁了。中弹的部位是发动机，坦克着了火，我们全都弃车逃生。我们躲进一个炮弹坑里，朝德国步兵和被打坏坦克的坦克手射击。

我还待在坦克里的时候可是一刻都没闲着——我打出的第一发炮弹就摧毁了一门正准备射击的德国反坦克炮，后来又点着了一辆三号坦克。战斗一直持续到晚上7点，我们损失很大——全旅原来有65辆坦克，最后只剩大概25辆——不过在我的印象中，第一天交战双方的损失是相等的。当然，主要区别在于德国人还有预备队，而我们的预备队全用完了。7月12日晚上，我们接到"坚守阵地"的命令，随后一连三天都打退了德国人的反击。起初我没有坦克，留在本旅的军官预备队里。没有车辆的排长和车长都在预备队。如果旅里需要车长，上级就会命令你接管一辆坦克。而连长和营长需要一直战斗，直到自己单位的坦克打光。

你问我原来的坦克被击毁以后，坐进下一辆坦克会不会害怕？被击落的飞行员有时会变成胆小鬼，会逃避上前线，但我们不会。他们（飞行员）是有特权的，不像坦克兵和步兵。在空军那边，飞行员可以在食堂里吃女招待送上来的饭菜，可以睡在铺着亚麻布床单的干净床铺上，让地勤替自己整备飞机。而我们在整场战争中都没见过床单。我们总是睡在防空壕里，或者干脆在露天的坦克下方挖一条壕沟（并待在这里）。另外，我们必须自己"照顾"坦克——给它加油、装弹和修理。即使当上了营长，我还是得和车组的其他乘员一起干活。直到战争结束，我们都没有加油车。后勤人员只管把成桶的柴油用卡车运来，把桶滚到坦克边上，然后我们整个车组就得用两个小桶给坦克加油。车组的两个乘员把柴油倒进小桶，第三个人把小桶拎到坦克上，第四个人把柴油灌进油箱。每个人都有活干。我当上连长以后，觉得拎油桶太没面子，所以只干往油箱加油的活。每个小桶能装10升，得灌50桶才能把坦克油箱加满！我们还得用小桶灌一两桶机油。装弹药也是一样。他们（后勤人员）把弹药箱卸在坦克边上。我们首先得把弹药上的保护性油脂擦掉，这活一般是由机电员干。擦掉油脂后，就得把弹药装进炮塔里。一个人把弹药从地上抬起来，第二个人站在挡泥板上，通过第三个人把弹药传给第四个人；第四个人是装填手，负责把弹药放在炮塔里。在冬天，我们都会被机油和油脂弄得脏兮兮的。而且大家全得了流感，浑身上下都是疖子。

我们有时会挖出壕沟，把坦克开到壕沟上面，在壕沟底部盖一张防水油布，再在坦克车底挂一个火炉，将烟囱支在外面——这就是我们的住处。火炉烧热以后，我们就会流汗，因为大家穿着羊皮大衣、棉袄和棉裤。我们睡觉时，会留一个人值班，负责照看火炉。如果这人也睡着了，热气就会很快消散，大家会被慢慢冻醒。当然，如果值班的人没睡着，不断给火炉添燃料，那么其他人还是能正常睡觉的。

饭一天吃一次——在夜里，相应人员会把早饭、中饭、晚饭一次全送来。我们总是能领到美国产的肥猪肉。在秋天，我们会从地里挖出土豆，用猪油炸着吃——好吃极了。这是我在前线最喜欢的菜，直到现在还爱吃。我们也总能喝到伏特加，因为伏特加运到前线的时候，一半的（原本可以领酒的）战斗人员已经没了。不过，第一次上前线时，我一点都没喝到。后勤部门给我们四个人送来一升伏特加，我把自己那份给了同车的其他人。直到战争末尾，具体来讲是当上营长以后，我才开始喝伏特加。进入敌国领土后，我们捡了许多战利品——主要是酒和蜜饯。

我们身上虱子成灾。在冬天，坦克是个不折不扣的冰箱，所以我们都穿得很暖和。如果脱下我们的衣服在火堆上抖一抖，虱子就会在火里"噼噼啪啪"地爆开，就像用机关枪射击一样。每逢战斗间歇，我们都会把所有的衣物烤一烤。我们把油桶的底部去掉，在里面插几根十字交叉的铁条，再把自己的衣物挂在里面。然后，我们把油桶倒过来，重新盖上桶底，在桶里浇些水，再把这一整套东西架在篝火上。重要的是千万不要让衣物碰到桶壁，否则会被烤焦。只有年轻人才吃得了这么多苦。我相信是年轻人打赢了战争。

普罗霍罗夫卡的作战结束后，我们被调到布德科夫将军的坦克第1军，并且转隶中央方面军，奉命进攻奥廖尔。在那里，我执行了一次火力侦察任务;从此以后,我就再也不把战争当儿戏了。

事情是这样的。旅长下到部队里,让我们全体列队。他说:"志愿执行火力侦察任务的,向前一步走。"我想也没想,就向前走了一步。就在这时,我生平第一次体验到了某种第六感,意识到身后的车组乘员正怨恨地盯着我。我的心顿时一沉,但已经回不了头了。

我们开车穿过一片森林,来到高地上的树林里,找到一个步兵团的指挥所。这个团当时在进攻德国人的阵地,但是没有成功。我们的步兵在高地下面一点的地方,德国人的阵地离他们有一公里远,在一个村子边上。我们坦克第1军的坦克第159旅奉命突破这些阵地,但首先我们得查清楚德国人的火力点。

上级让我带着排里的三辆坦克去前线,还给我配了一个连的步兵,该连在我们前方稍远一点的战壕里,组成了三条排级横队。上级给我指出突击方向,还交待了具体任务:以最高速度冲过德军阵地,迫使对方用所有武器朝我们开火,从而暴露自己的位置。我们还接到了"不用节约弹药"的指示。

于是,我们向前突进。一开始步兵方面进展顺利,但后来就被敌火力压制住了。我的坦克还在飞速前进。我看见左右两边的坦克开始掉队,右边的那辆还着了火。但我(的坦克)还在猛冲。德国人把所有火力都集中到我这里。突然,坦克挨了一发炮弹,炮弹打中的地方火星四溅。光线透进坦克里——我原以为装填手的舱盖被打开了,便喊道:"阿库利申,关上舱盖!""没舱盖了,它被打掉了。"真是不可思议,穿甲弹刚好打中舱盖铰链,把舱盖打飞了!

在我们距离敌人大约200米的时候,德国人的一发穿甲弹迎面击中我的坦克。坦克停了下来,但没有着火。战斗结束后,我发现这发炮弹打穿了机电员座椅旁边的坦克前装甲,由此产生的碎片将他崩死。然后,炮弹斜穿到驾驶员舱盖处,把它(舱盖)扯了下来。我被炮弹震晕,倒在车身内的弹药架上。就在此时,另一发炮弹击穿炮塔,打死了装填手。幸亏我之前晕了过去,从炮塔处掉进车身里,不然我也得没命。那样的话,我们一车人就死光了。等我恢复了知觉,发现驾驶员躺在坦克前方,脑袋开了花。我到现在也不明白他是怎么死的——是弃车以后被地雷炸死;还是在坦克里就受了致命伤,勉强爬出去以后死在外面?死去的机电员还在座椅上,装填手横尸于弹药架上。我看了看四周,发动机的一根摇臂被打断,埋在一堆碎片里。德国人现在停止射击,显然他们认为已经干掉了我的坦克。我往两边一看,发现我排里的另两辆坦克都在燃烧。我启动了发动机,开到倒挡,进行倒车。德国人又开始射击,我只好把坦克停下。

没过多久,我们的炮兵开火了,我军坦克在步兵支援下进攻村子,把德国人赶出了阵地。当周围再度平静下来,我爬出坦克,排里另一辆坦克的装填手列昂年科朝我走来——全排只有我俩活了下来。他冲我破口大骂:"中尉,我再也不要和你一起战斗!你和你的坦克都他妈见鬼去吧!我只有一个请求,你给参谋部说我在战斗中失踪了。我有驾驶证。我要转到别的部队去,我要去当卡车司机。"我说:"好吧。"后来其他人问起列昂年科时,我说:"他的坦克被烧毁了。我不知道他是死是活。"这一仗以后,我开始认认真真地战斗。

我不得不在卫生排待上12天左右,因为我出现了脑震荡的问题,鼻子也流血了。然后我返回了战场。

关于这么多战斗,我能说什么呢?战争就是那么回事。某一天我们打赢了,第二天又打输了。我们后撤,停下,然后修工事。旅长运来新坦克,把我们调到其他方向,然后我们再次进攻。坦克又被打坏。再次转到军官预备队。接着又得到一辆坦克。就是这样周而复始,直到我们中有人受伤离队或是在坦克里被活活烧死。

有一次我险些被活活烧死。坦克什么时候会着火？在油箱中弹的时候。但油箱只有在装着不少油的时候，才可能着火。战斗接近尾声时，油箱几乎是空的，这时坦克很少会着火。如果坦克真的起火，而且被火焰包围了，保持冷静是需要极大勇气的。这时温度会骤然上升，如果四周都是火焰，人就会完全失去理智。对驾驶员来说，弃车是很困难的。他得摘掉挂钩，打开舱盖才行。如果他惊慌失措或是已经被火焰包围，那就完了，他绝对不可能逃出去。当然，机电员被烧死的情况是最多的。这一岗位所处的位置最吃亏，左边是驾驶员，后面是装填手。机电员只有等这两人弃车后，才能逃出去，这就会浪费几秒钟时间。车长和装填手想要弃车很容易，但其他人都得看运气。

我的坦克曾在奥廖尔和布良斯克之间的某个地方被打着了火。我大喊一声：“弃车！”在刚有一点火苗时，就开始往外爬。但是，我的TPU（车内通话器）的插头紧紧地卡在插座里，当我起身想通过舱口跳出去时，电线又把我拽回座椅上。装填手通过我的舱口下了车，我是在他之后弃车的。我的坦克帽救了我——它基本上没被烧坏，所以我只有脸和手被烧伤，但这两个地方已经严重到了满是水泡的地步。有人把我送到卫生部队，在那里我的烧伤部位被涂了一些软膏，手也被绑住，以防我抓烂自己的皮肤。从那以后，每当旅里来了新兵车组，我都会命令他们注意清洁TPU的插座和插头，确保插头能轻松拔出。

为了占领布良斯克铁路货运站，我们打了一场硬仗。当时下着大雨。我们渡过一条小河，冲进车站，里面全是德国火车。那是一场激烈的夜战。最后，德国人四散奔逃，但我们还是打死他们中的许多人。我们拿下车站，摧毁了那些火车，然后冲进城里，歼灭了撤退的敌人。

我们经常在夜里和德国人战斗吗？是的。我们不在乎白天还是黑夜。我们接到过"不停进攻"的命令。而德国人尽量避免夜战，很少在黑夜里招惹我们,不过有时还是会这样做的。在夜里作战很困难。你会感觉所有子弹、炮弹都是朝你飞来。有时一发曳光弹就算在20～30米外掠过,你还是会觉得那是冲你来的。

在夜里找路也很难,我们经常迷路。有的车组甚至会在夜里故意掉队,但这种事情根本不可能查出来!在匈牙利的陶陶,我们就遇到过这样的事。那是在1944年12月29日晚上。全旅剩下的不超过40辆坦克展开队形,准备攻打城市。我们只需要在开阔地带行进800米左右,最多不超过1公里。可是,当德国人开火,每个营都出现了掉队的情况。只有我的连冲了上去。战斗结束后,我们进行调查,每个掉队的车组都有自己的理由。有一个车组是电台坏了。另一个车组忘记了频率,听不到其他车组说话。还有一个车组说坦克的变速装置卡住了,驾驶员开不快……

因为只有我们连冲锋在前,德国人把所有火力都集中到我们连身上。整个连的坦克都左冲右突,从而躲避炮弹。在这种时候,驾驶员承担的责任和压力很大。有经验的驾驶员能救下整个车组。他能把坦克开到理想的射击位置,知道找掩体,能进行隐蔽机动。有些驾驶员甚至说过:"我绝对死不了。只要让我来开坦克,炮弹根本不会落到我停下的地方。"我相信那是真的。

有没有贪生怕死的情况?当然有。虽然没有出现过车组在进攻前就弃车,导致坦克空车前进的事,不过有时坦克被迫击炮弹或杀伤榴弹击中,车组就会因为惊慌失措而弃车。我们营里发生过这样一件事。一发迫击炮弹打中一辆坦克的前部装甲,车组跳车逃跑了。德国人发动反击后,那辆坦克就被丢在两军的中间地带,但营长穆欣带着驾驶员,在晚上偷偷爬到它旁边。他们启动发动机,把坦克开了回来。旅长是个好心肠的人,没有把这个车组送上军事法庭。他只是告诉他们下不为例。后来,他们就用这辆坦克继续战斗。

我们还出过另一件事。有天夜里,我们朝前线行进,准备在天亮时发起进攻。一个车长把坦克停下,说他觉得发动机的声音不对劲,于是上级命令他原地等待营技术主任到来。有辆坦克从旁边开过,那个车长把该车叫住:"技术主任在你们车里吗?""不,他不在。你为什么站在这儿?""发动机不对劲。""哦,是吗?那启动器呢?""启动器是好的。""那就把它给我吧。""没问题。"于是,他们(原地等人的车组)送出一个完好的启动器,换了一个不能用的。接着,又过来一辆坦克:"你的坦克怎么了?""启动器坏了。""嘿,那电瓶呢?是好的吗?"就这样,那个等待技术主任的车长在夜里把他的坦克拆得七零八落,给别人送了不少备件。等技术主任赶到,那辆坦克当然不能用了,只好送去修理。那个车组什么都没说,但有人向营里的内务人民委员部的官员打了报告。他们(内务人民委员部人员)本想把这个车长送上军事法庭,但我们在那天上午损失的坦克太多,我们营的残部被转移到另一支部队。在新的部队里,上级给这个车长换了一辆坦克,没有送他上军事法庭——他们放了他一马。

1943年下半年,我们军被调到波罗的海第二方面军。从11月初到12月底,我们都在那里作战。因为那里沼泽多,所以仗打得艰苦极了。如果坦克偏离了道路,就会陷得死死的,拉都拉不出来。我们只能沿着道路前进,而德国人总是在路边设伏,我们只能在很狭窄的正面用几个排或几个连发起进攻。在这两个月的战斗里,我连一个营组成的战斗队列都没见过,更别说一个旅!

在这些埋伏作战中,我们损失了很多人。一般都是这样:最前面的坦克被打掉了,第二辆坦克从它旁边开过,然后也被打掉。我们能做的就是等着轮到自己。只有比较幸运、聪明且狡猾的车组才能活下来。

在涅韦尔,上级命令我们营开进一片沼泽,或者说我们是不小心闯进去的——直到现在,我都不知道究竟怎么回事。当时我们营里只剩七辆坦克。我们沿着道路前进,开到一片林间空地上,然后发现不管朝哪儿开都是泥潭,身后的道路又被德国人堵死了。我们在空地上构筑防线,整整一夜都在忙着击退德国人。我当时是连长。这天晚上有一个排长和另一个连的连长阵亡,还有一个连长和营长科扎诺夫上尉临阵脱逃。但在天亮的时候,这两人显然恢复了理智,又回来了。这时我已经在指挥全营,我决定沿着来路实施突破,冲出这个陷阱。突然,科扎诺夫赶来,他喊道:"前进!你们的兄弟正在流血,你们却在这里干坐着!"最后只有四辆坦克冲了出去。

霉运还没过去,我们径直开到了我们旅配属的步兵师师长的指挥所。这个师的几个团正在攻打瓦西里基村,该村位于普斯托什科火车站西边,就在那个坦克陷阱右侧的高地上。德国人在村里构筑了坚固的工事,还配置有反坦克炮和坦克。我们就是在试图绕过瓦西里基村时闯进沼泽里的。那个师长叫住我们,命令我们支援他的步兵。我说:"上校同志,我们没有油,也没有弹药,而且有一天一夜没吃东西了。""(这些东西)你们马上都会有的。"他们给了我们吃的,还送来弹药和油料。科扎诺夫对我说:"我的坦克坏了。你带三辆坦克上去。"我们把几个车组拼在一起,凑出三辆坦克的乘员(因为有很多人已经负伤了)。然后,我们来到前线侦察敌情。我看了一眼,就对那个师长说:"上校同志,我看见你们的坦克都着火了。"我看见村子前面有好几辆坦克像篝火一样熊熊燃烧。"你们的坦克都着火了。我们靠三辆坦克能干啥?我们会白白送死的!""闭嘴,不然我毙了你!服从命令!"我只好带着这个(拥有三辆坦克的)排进攻。我们经过步兵旁边,在一条溪谷里被狂风暴雨般的炮火压制着。后来,我们冲进村子,德国人把我们的三辆坦克一辆接一辆干掉。我的坦克先是侧面中弹,然后负重轮也挨了一下,还着了火。我从车里爬出来,但是其他人没有跟上。就这样,车组其他人都死了。步兵们用火力掩护我,让我爬回己方部队一边。另一辆坦克的驾驶员也活了下来。

我们回到出发阵地,又有一些坦克开了上来。于是我自告奋勇,作为坦克搭载兵给他们带路。这是我第一次作为坦克搭载兵战斗,也是最后一次。在那之后,我发誓再也不干这活了。我们到达前线时,只是一眨眼的工夫,其他坦克搭载兵都下了车,只有我一个人待在炮塔后面。我觉得所有子弹都冲着我飞来——子弹尖利的呼啸声和弹片在坦克装甲上所发出的弹跳声在我身边响成一团。真是一场噩梦!我不知道自己是怎么活下来的。最后,我们拿下了村子,旅里派了一辆汽车来接我们。

接着,我们又被调回乌克兰,服役于坦克第170旅,我在这个旅一直打到战争结束。我们报到时,科尔孙-舍甫琴科夫斯基战役已经结束,但我军还在与基洛夫格勒的德军集团战斗。我们的兄弟部队罗金上尉的营在普拉夫尼村仅一天就损失了几乎所有坦克——该营一连(的坦克)不是触雷就是陷进河里,二连在试图绕过雷区时也被全歼。因此,他们全营的21辆坦克只剩下5辆。1944年1月8日,罗金上尉本人也阵亡了。当时他只剩4辆坦克,他们部队在攻打基洛夫格勒西北10公里外的某个村子,但是没拿下来。旅长尼古拉·彼得洛维奇·丘尼欣上校和政委格奥尔基·伊万诺维奇·涅格鲁利开车去了这个营。丘尼欣心平气和地说,必须拿下这个村子,这样才能封闭整个包围圈。但是涅格鲁利开始咒骂罗金:"你这也错,那也错!你连个小破村子都拿不下?胆小鬼!"罗金是个很有才干的指挥员,一向很冷静,但这一次他忍不住了:"我是胆小鬼?你等着,我这就把它拿下来!"丘尼欣想阻止他:"别急,冷静点。观察一下,认真做个计划。"可是已经太晚了。罗金召集了还活着的军官:"佩列沃兹奇科夫,你去右翼。我在中间,阿拉克切耶夫在左翼。我们要么拿下这个村子,要么一起死。恰谢戈洛夫,如果我拿下了村子,你就去旅部报告。如果我死了,我绝不要政工人员在葬礼上搞什么致辞!"最后,除了一个坦克车组,他

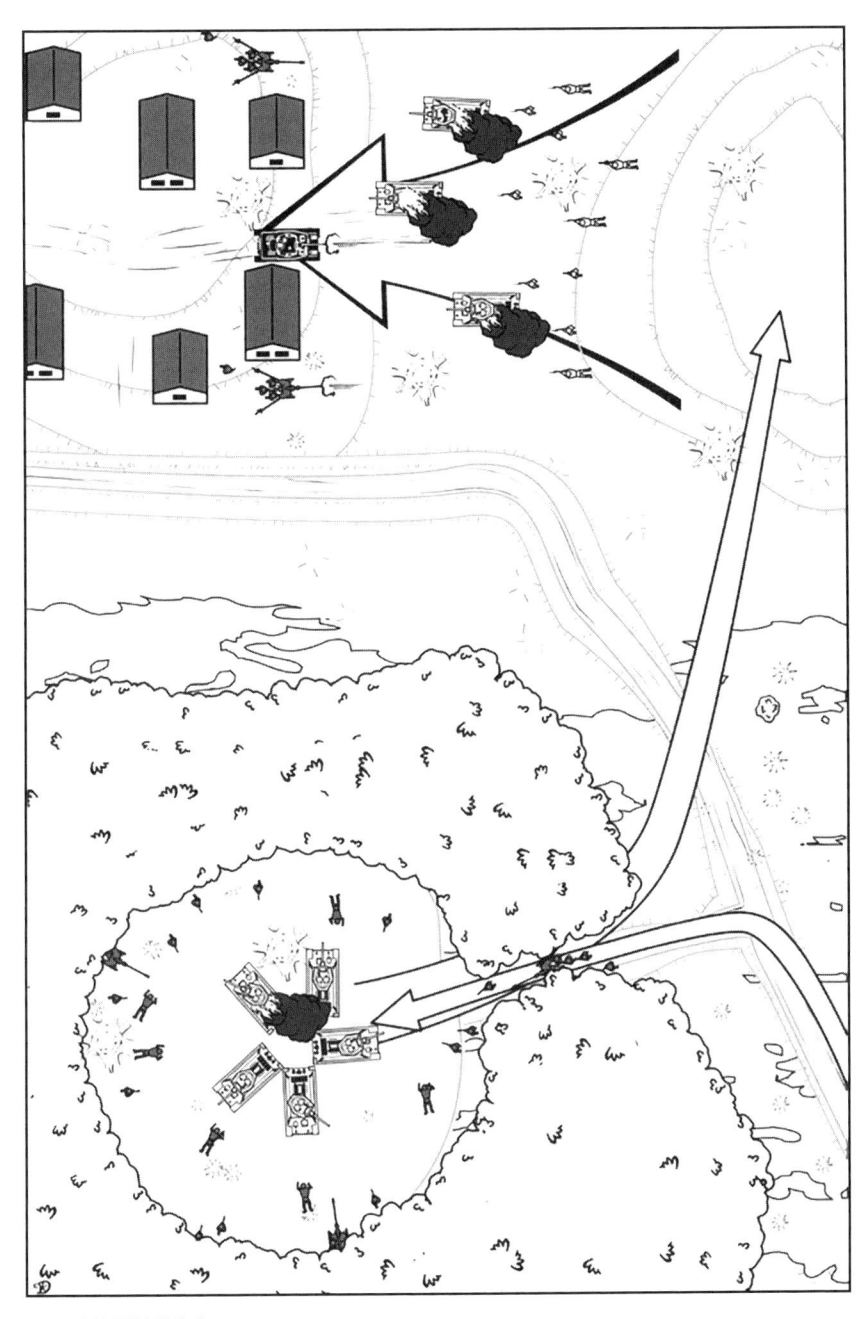

瓦西里基村地域的战斗。

们营的人全死了。这件事我是听恰谢戈洛夫说的。

1944年夏天，雅西—基什尼奥夫战役之后，上级把我们部队送回后方休整和补充。我们新的攻势是在8月20日开始。炮兵把德国人的工事轰得稀巴烂，搞得我们几乎没法在地面上行进——原来的防线变成了月球表面，弹坑实在太多了。所以在一开始的15分钟里，德国人根本没有进行任何抵抗。我们开到瓦鲁伊斯鲁伊河边的德军第二道防线时，才遭遇了有组织的抵抗。不过，到第一天日落时，我们已经在德国人的防线后面了。那里再也没有什么可以辨识的前线，只有一个个孤立的据点。

我们是怎么战斗的？比方说我们接近某个村子，侦察兵报告说该村被配备大炮和坦克的德国人占领了。于是我们就把配属我们旅的一个炮兵团调上来。整个旅也会进行相应部署。根据任务和地形，我们会在一线部署一到两个营。其他部队留作预备队。然后我们就攻击敌人。如果敌人在中央地带的抵抗比较顽强，我们就会包抄敌方侧翼。位于两个营结合部的两个连用火力拖住德国人，另外两个连向侧翼包抄。我们打败了德国人就继续赶路。描述战斗是一件很困难的事，你只有亲眼见到才能明白。自连长以下，所有指挥员都要乘着坦克参与战斗。营长和预备队在一起，身居后方指挥全营。他会看见哪些人落后了，哪些人没有。一旦德国人实施激烈抵抗，击毁几辆我们的坦克，那么（我方）其他人也会放慢速度——没人愿意送死！营长看见这种情况，就会马上用电台下令："布留霍夫，加大油门！"我会把这道命令传给全连，但连里的人还是会让坦克以龟爬式的速度行驶。这时，我就不得不冲上去以身作则。我计算过，我们连在整场战争中死了18个连长。必须强调的是，我只算了死者，没算负伤的人。营长这一职位的伤亡情况应该也差不多。连长要战斗到本连的最后一辆坦克为止，营长则要打到全营只剩两三辆坦克为止。连长、营长从起火的坦克里跳出来以后，就得登上另一辆坦克继续战斗。他们迟早都会受伤或丧命。

当然，有经验的坦克手往往能活更长时间。我举个简单的例子。一个拥有十辆坦克的补充连来到前线，而我们的营预备队里可能有四个有经验的车长。这时，我们就会从刚来的（补充连）十个车长里挑出四个最弱的，要么派他们回工厂接收新坦克，要么让他们留在营预备队里。然后，我们用四个有经验的车长取代他们。可能还会换掉驾驶员和其他车组乘员。经过几个星期的战斗，六个新来的车长里往往只剩一两个活着，而同期可能只有一个"老伙计"战死。有经验的坦克手的死亡率比新兵低30%。战斗经验非常重要！哪怕只经历一场战斗，你都能学到相比坦克学校的整套课程更多的东西。

我在雅西—基什尼奥夫战役中用T-34-85亲手干掉了九辆坦克。其中一次战斗，我记得特别清楚。我们当时为了与乌克兰第三方面军会合，已经路过库西，正在接近列奥沃。我们穿过一片玉米地，玉米长得和我们的坦克一样高。除了地里纵横交错的坦克车辙，什么都看不到。在一个路口，我看见一辆德国坦克沿着和我们平行的一道车辙快速行驶，然后消失在玉米地里（战斗过后，我们发现那是一辆"豹"式坦克）。我下令："停车。视野右侧30度，400米外有坦克。"我们根据敌人的移动方向判断，还能在下一个路口再次看到它（那辆"豹"式）。炮手把坦克主炮转向右侧，我们移动到了下一条小道上。德国人也发现了我们，试图穿过玉米地包抄我们。我通过周视瞄准镜，盯着敌坦克将从玉米地中间冒出来的地方——它果然出现了！我们必须立刻干掉它。因为如果你让德国坦克先开了炮，而且对方的第一炮没有打中，那么你就得马上弃车，毕竟（对方的）第二炮总能打中你。德国坦克手就是这么厉害。我冲着炮手大喊："坦克！"可是他没有看见。"豹"式坦克的半个车身已经从庄稼中间冒出来了。于是，我抓住炮手的领子（他坐在我前面），把他一把拽到弹药架上，然后我自己坐上他的位子。我瞄准"豹"式坦克,用炮弹打中了它的侧面。它就像汽油桶一样烧了起来,车里的乘员没有一个逃出来。当然,在德国坦克着火时,我的车组乘员对我这个车长佩服得五体投地。要不是我,那辆坦克就会打中我们,大家都得没命。炮手尼古拉·布利诺夫则出了丑,也感到非常羞愧。

我在罗马尼亚和匈牙利击毁了许多坦克。那里的夜晚很短,而且光线充足。我的坦克曾开到一条河的河床边停下。另一边是一条公路,德国人的纵队正沿路撤退。在天空的背景下,我发现敌方一辆坦克的侧影,就朝那个方向开了火。坦克立刻烧了起来。第二辆坦克停下来,然后猛地扭向一边,想绕过着火的同伴,接着它还想绕回来,却没有如愿——我开的第二炮摧毁了它。追击战是一种很轻松的战斗。

1944年10月,我指挥先遣支队,在鲍托尼奥率先越过罗马尼亚和匈牙利的边境线。我占领了蒂萨河上的一个渡口,在此坚守24小时,直到我们的主力赶到。这场战斗打得极其艰苦,因为德国人拼尽全力想突破我们的包围。也正是因为这一仗,我被推荐获得"苏联英雄"称号和"金星"奖章;但直到1995年,我才获得上述这套荣誉。

在这次战斗过后,我第一次因为消灭敌坦克领到奖金。科利亚·马克西莫夫和我去蒂米什瓦拉狂欢了三天。我们到裁缝那里,给自己定制了库班帽和西服套装。到第二天,这些东西就都做好了。不过,要想拿到奖金,你就必须证明自己消灭了敌坦克——目击证人是必不可少的。我们有个特别委员会,他们如果不是太懒的话,就会四处巡视,核对战果。

战争结束时,上面下达了命令,要我们旅总结自己参与的所有战斗。有人绘制了一幅地图,然后旅长召开一次会议,会上参谋长就敌人和我军的损失作了报告。想要清点我们自己的损失真的很难——我们不一定会准确记下被击毁的坦克数量。但是根据每日战报,我们可以轻松计算

发生于罗马尼亚的一次战斗。

出敌人的损失。不过，参谋长突然冒出一句："要是我相信营长布留霍夫、萨尔克相、奥特罗先科夫和莫斯科夫琴科的所有报告，那么我们应该能提前半年结束战争，因为我们把全德国的军队都消灭了。所以，我一向会把你们报告里的数字除以二，再报给军部。"我想军部也会把报告里的数字除以二，再转交给集团军部，以此类推。我猜想，进行这么多次除法以后，最后的报告大致可以说是可靠的。我们的每日战报是按这样的格式写的："我军在某地和某地攻击了敌人。当天，我们在宽度若干的正面上推进了若干公里。我们到达了某地和某地一线。敌军损失：坦克若干。"我们会准确清点自己消灭的坦克，因为要凭相应的击杀数量领取奖金。至于我们消灭了多少迫击炮、大炮和人员——谁乐意去数？没人。我们只会写"大概50个步兵"。在防守时，我们只是朝德军阵地射击而已，就会写"我军炮火摧毁2门大炮和1门迫击炮"。

　　一般来说，德国人是很难对付的。我对他们没什么仇恨，他们只是必须被我们消灭的敌人而已。我没有为难过战俘，只是把他们集中起来送到后方。在匈牙利的布达佩斯发生过一件事，具体时间是1944年12月25日或26日。我的营（我从1944年年底开始担任营长）领先旅主力大约20公里的距离，打到了韦尔泰什博格拉尔，切断了敌军通往布达佩斯的道路。我们在一处高地上的一片树林里停了下来。距离我们大约1公里的地方有一个处在谷地里的小村子，一条公路穿过村子，一支规模很大的德军装甲纵队正沿公路行进。我数出了63辆坦克。凭我手上的15辆坦克和他们交战简直是发疯，所以我把消息报告给了旅长。他命令我继续观察，然后叫来了空军。空军在比奇凯击溃了这支德军纵队。

　　我的部队留在树林里。就在我们无所事事的时候，三个正在架设电话线的德国通信兵撞到了我们手里。我们把他们抓住，绑了起来。我们本想问他们话，但我们中间没人会讲德语。于是，我们把他们带到一个炮弹坑里,安排了一个看守,防止他们逃跑。接着,我们看见一辆德制"欧宝海军上将"牌轿车沿着和先前德军纵队相反的方向开过来。这是一辆高档轿车,我们觉得里面应该是什么大官。只见轿车离开了公路,沿着一条乡间小路开到我们所在的树林左边。我跳上坦克,抓起一支冲锋枪,对驾驶员喊道:"截住他们!"他一个猛冲,截住了那辆轿车。我跳出去,朝轿车的发动机打了一个点射。车停了下来。车里的司机和军官都愣住了。我用枪指着他们,用德语命令道:"走!"他们下了车,总共是三个军官和一个司机。我接着又说:"举起手来!"他们举起了手。接着,其中一个人突然朝轿车先前行进的方向狂奔。我追了上去,因为我觉得我的车组能对付其他人,不过剩下那几个德国人动都没动一下。

逃跑的德国人突然停下来,又跑回轿车,抓起公文包,然后朝另一个方向跑去——那是公路上敌装甲纵队所在的方向。我再次追上去。我边跑边朝他打了两个点射,但两次都没打中。第三次点射时,我的枪卡壳了。我开始猛拉枪栓,那个德国人感到有点不对劲,转身拔出他的"鲁格"手枪开了火。他没打中,不过现在轮到我跑了。我朝坦克跑去,他在后面追我。这时,我交了点好运——我又猛拉一下枪栓,结果我的冲锋枪能用了。我转过身,看见他还在朝我跑来,就打了一个长点射。那个德国人好像撞上一堵看不见的墙,倒了下去。我走近一点,又朝他打了个点射以防万一。然后,我捡起他的公文包、手表和"鲁格"手枪。我身上本来就有两支手枪——一支在腰带上,一支在胸前的口袋里。可是不知为什么,我在"波波沙"冲锋枪卡壳时把它们全忘了。我打开公文包看了看,发现包里有一些地图。我觉得这些地图肯定很重要,所以那个德国人才会跑回轿车,把公文包一起拿走。我们带着俘虏,把轿车拖回了旅部。原来那些地图描述了德军在塞克什白堡反击的计划。这个小插曲让我荣获了"苏沃洛夫"勋章。

就这样，我杀了那个德国人。我一点都不觉得内疚。我不会碰那些不反抗的人，只会把他们送到后方。敌人终究是敌人，只不过我从不会无缘无故打死他们。1945年(年初的)冬天，我们在一次战斗中俘虏了五个德国人。到了晚上，战斗平息，我们就地宿营休息。营政治副长和经管副长瓦西里·谢利瓦诺夫带着油料和弹药赶了过来。他们说："营长，我们一起吃晚饭吧。"他们摆了一桌饭菜，还放了一瓶酒。瓦西里说："我去看看你的人是不是都拿到需要的物资了。""好的，好的。去看看是不是所有事都办妥了。"很快他就回来了："一切都很好。士兵们吃饱了，坦克也加了油，补充了炮弹。"我对他说："有五个德国人坐在一个坑里。你走的时候把他们带上。"此时，他显得不知所措。"你怎么了？"他没吱声。我感觉出事了，赶紧带着瓦西里去看那些德国人。是我把他们赶到坑里的，还安排了一个看守。原来，瓦西里已经去过那个坑，他问："这些是什么人？""德国人。""哦，法西斯啊！"他大叫着把他们全打死了。我知道这事以后可火了。"你这畜生，你干了什么？你想杀德国人是吧，明天就和我们一起去战斗。你要是上了我的坦克，想杀多少随你便！"我把他一顿臭骂。这时政治副长走过来，我们一起坐下讨论这件事。"你应该为这事上军事法庭，"他告诉瓦西里，"拿个铲子把他们埋了，别让外人看见。"于是，瓦西里当着全营的面把那些德国人埋了。他从没真正打过仗。经管人员毕竟是经管人员。我觉得真正打过仗的人绝不会枪杀俘虏——也许其他地方有这样的人，不过我的营里没有。

在罗马尼亚的克拉瓦约市发生了一件事，准确地说这是一起事故。为了修理坦克和等待后勤部队，我们在那里停留了三天。伊万诺夫中尉是我们营里的一个车长，来自别尔哥罗德地区。他当时35岁，是一名共产党员，战前还是一个集体农庄的主席。在他上前线打仗时，他的村子被罗马尼亚军队占领了；后来撤退时，罗马尼亚人抓走了所有年轻的村民，还把党员和党员家属关进一个谷仓里活活烧死。我们旅曾经路过伊万诺夫的家乡附近,当时伊万诺夫请了假回家探望,这才知道了这件事。他的邻居告诉他,当谷仓被浇上汽油时,那些可怜人就在里面哭天喊地,罗马尼亚人怕他们没死透,还隔着谷仓的墙壁扫射。伊万诺夫的家人就是这么死的——包括他的老婆和两个孩子。

回到部队时,伊万诺夫完全变了一个人。他开始渴望复仇。他在战斗中非常勇猛——有时就像在故意寻死一样——而且他从来不抓俘虏。如果有人想向他投降,他会马上把对方干掉。

在克拉瓦约发生的事情是这样的。伊万诺夫和他的驾驶员喝醉了,想找个女人做伴。具体时间是9月,一个秋高气爽的夜晚。他们走进一幢房子,看见里面有个年纪比较大的男人和一个25岁左右的女人在喝茶。那女人还抱着一个18个月大的婴儿。伊万诺夫把孩子抱走,交给那姑娘的父母,命令那姑娘去隔壁房间。接着,他对驾驶员说:"你先去。我第二个去。"于是驾驶员进了房间。但是他只有18岁,很可能以前从没尝过女人的滋味。驾驶员开始脱那姑娘的衣服时,那姑娘发觉他没什么经验,便挣脱了他,跳窗逃跑了。伊万诺夫听见响动,冲进屋里喊道:"她在哪?你这小兔崽子把她放跑了!"接着,他就用冲锋枪朝窗外打了一个点射,那姑娘应声倒下。这两人(伊万诺夫和驾驶员)也没多想就离开了。这里有必要指出的是,即使伊万诺夫有心要杀那个姑娘,他也几乎不可能打中她,因为他已经醉了,他开枪的时候甚至瞄都没瞄。后来我们发现,只有一发子弹打中那个姑娘,但(子弹)正好穿过了她的心脏。

第二天,姑娘的父母和当地官员去了旅部。又过了一天,除奸部查清了这桩罪案,逮捕了涉案的两人。伊万诺夫很爽快地承认自己朝姑娘开了枪,但没有意识到姑娘被他打死了。

惨案发生后的第三天,军事法庭开庭审判。全旅人员在野地里列队,市长和姑娘的父母也到场了。那个驾驶员哭得像小孩子一样。伊万诺夫对他说:"拿出男人的样来!他们不会枪毙你,所以别哭了。他们只会送你去惩戒连,你可以将功赎罪。"确实如此。驾驶员被判25年有期徒刑,并且用惩戒连里的服役时间折算。

法官问伊万诺夫中尉还有什么要说的,后者站起来说道:"法官同志们,我犯了大罪,我请求你们对我不要有一点宽恕。"他的话就是这些,简单而坚定。然后他就坐下来,平静地用一根草梗剔牙。于是,法官们宣布了对他的判决——死刑,当着全旅人员的面立即执行。

我们花了大概15分钟调整队伍。执行判决的人员让伊万诺夫站在一个事先挖好的墓穴前面。旅特别处的人是个中校,他对我们营特别处的人(和我们营的人站在一起)说:"莫洛佐夫同志,执行死刑。"后者没有动弹。"我命令你!"莫洛佐夫还是一动不动。然后,中校抓住他的胳膊把他拖到队列前,怒气冲冲地对他喊:"我命令你!"直到这时,莫洛佐夫才走向伊万诺夫。

伊万诺夫中尉摘下船形帽,向我们鞠了一躬说:"兄弟们,原谅我。"这就是他的遗言。莫洛佐夫对他说:"跪下。"他说得非常轻,但是大家都听到了——空气中弥漫着一种可怕的寂静。伊万诺夫跪下,把帽子放在腰带下方。莫洛佐夫接着说:"头朝前低下。"伊万诺夫低下头以后,(我们营)特别处的那位朝他后脑勺开了一枪,他立刻倒在地上痛苦地抽搐。那场景真是可怕。

莫洛佐夫转身走开,手里拿着仍然冒烟的手枪,他的身体好像喝醉了一样左右摇摆。中校大喊:"补一枪!补一枪!"但是莫洛佐夫像没听到一样,自顾自地走着。于是,中校自己跑到伊万诺夫身边,朝他脑袋打了一枪、两枪、三枪。有一点我至今记得,虽然伊万诺夫(在中校开枪之前)已经死了,但每中一枪,他的尸体还是会抽动一下。

中校用脚把尸体蹬进墓穴里:"埋了他。"就这么结束了。"解散!"可大家还是保持着队列,呆呆地站了15分钟。当时真是死一般的寂静。伊万诺夫在战场上一向表现出色,而且人人都知道他的亲人被罗马尼亚人活活烧死了。他本来可以乞求宽大处理,比如他可以说那姑娘的死纯属意外,但是他没有这么做。在那以后,我们旅的人再没有和当地人闹过矛盾。

但是我们之中有很多人得性病,而且大多数时候官兵们是被我们自己的女人传染的。在前线人们会谈恋爱吗?当然!姑娘们就是因为想找男人才来的,很多人就在前线结婚了。就算很正派的姑娘也想和军官谈恋爱,最好是高级军官。优秀的士兵同样很受欢迎——我是说那些身经百战、获得了很多荣誉的人。我还是个连长的时候,她们就经常在旅部谈起我——布留霍夫干了这个,布留霍夫干了那个——不过我很少去那儿,所以她们从没见过我,只知道我的姓氏。有一次旅长说:"来我的指挥部报到,我要给你交代任务。"后来我听说,指挥部里所有女人都很兴奋:"布留霍夫要来了!"当时我是坐着坦克出现的,姑娘们看见我又瘦又小、浑身脏兮兮的,全都失望地叹了一口气。

很多姑娘离开我们旅时都怀孕了。自旅长以上,高级军官普遍拥有战场妻子。我们的旅长就和我们卫生排的一个女军医住在一起。政治部主任和他的女会计住一起。其他姑娘则和她们喜欢的或者拥有她们所喜欢的特权的军官打得火热,不过全是两相情愿的,没有强奸的事。在前线,姑娘们的难处比我们男人多百倍。我特别为那些女卫生员难过。她们经常搭乘坦克,从战场上把伤员运下来,可是按规定,她们只能得到"战功奖章"——士兵们还嘲笑说那是"床功奖章"。得到"红星"勋章的姑娘少得可怜。其中大多数人是和指挥员上了床的。

全旅有1200个小伙子,但只有16个姑娘,所有男人都想方设法对她们献殷勤。姑娘会找到自己喜欢的男人，然后两人开始幽会，接着就住到一块儿。这时其他人就会眼红："好一个婊子，战妻。"许多好姑娘就是这样得了坏名声——仅仅是因为诽谤和嫉妒。

  我还在奥地利的时候，战争就结束了。你问我的个人战绩如何？我损失过9辆坦克，打爆了28辆德国坦克。其中只有9辆让我拿到了奖金，不过这不是重点。

第十章

"你们要是不去，就会被枪毙"

阿尔卡季·瓦西里耶维奇·马里耶夫斯基

　　战争爆发时，我刚从高中毕业，去了警局的护照处工作。1941年8月，我开始在兵役局工作，负责保管入伍通知书。那年我17岁，还没到可以参军的年龄。晚秋季节的一天，我接到一份新名单，上面有大约15个新兵的名字。我看了一下，发现这些人几乎都是我以前的同班同学，跟我一起长大的伙伴。怎么会这样？我的同学都要参军了，我却留在后方整理文件？没门！我立刻拿了一张空白的入伍通知书，填上自己的名字，然后拿到捷格佳廖夫少校那里让他签字。他问我："你傻了吗？我可以给你一个军衔，让你在我的部门里工作。"我争辩说："首长，我要和我的同学、我的同志们一起服役。"他回答道："好吧，那就去吧。"

　　我就是这样参军的。我拿块布把自己的东西一包——那时候还不用背包——就去了车站。在那里，我们新兵被分到一节客车车厢里，目的地是设于高尔基（今俄罗斯下诺夫哥罗德）的集合点。集合点可谓人山人海。在那里住宿的第一天晚上，有人偷走了我的包裹，这里面装着我的所有家当，包括干粮。我醒来时饥肠辘辘，也没人分发食物。好在同伴们用他们那点吃的给我救了急。

我通过了体检:"四肢完好,视力正常——合格。"我们被送到喀山附近,预计组建一支步兵部队。我们的住处是那种长排的土房,军官们热情地欢迎了我们。他们都是正规部队来的好人。我记得我们的排长伊尔拉里奥诺夫中尉是一个高个子小伙子。大概二十天以后,我们就宣誓入伍了。

我被派到仓库附近的一个地方当哨兵。那个仓库原本是一个很长的木制机库,里面的空间一半堆杂货,另一半堆食品。当时是冬天,白雪覆盖着大地。我听见有人过来,就喊:"站住!什么人?""巡逻队队长,瑙姆金上士。""口令?"来人说出了正确的口令。他是带着一部雪橇和两匹马来的。他问我:"还没冻僵吗?""早冻僵了,太冷了。"我只有一件大衣和一双毡靴,而且换岗时还得将它们交给下一个人。

瑙姆金上士拿过我的步枪,用刺刀把锁撬开。按照条令,我不应该让他这么干,可我那时只有17岁,不知道违反条令的严重性,再说他毕竟是巡逻队队长。他用食品和毛皮大衣装满雪橇,然后就离开了。我在那里又站了四个小时,终于等来换岗的人。第二天瑙姆金找到我,说:"到我办公室来。"我进去以后,他给了我一些食品——都是从仓库偷的。

仓库保管员报告了食品失踪的事,调查人员很快就查到我们头上。我老实承认了所有事,结果未经法庭审判就被判处死刑。整件事发生在我们团开赴前线的几天之前,团长布勃诺夫上校肯定是央求内务人民委员部给我减了刑。所以我后来被送到了惩戒营。

你问我是怎么出来的?我只记得领到了一支步枪和十发子弹。之后发生的事情在我的意识里是一片空白。我记得自己在战场上想要射击,于是扣动扳机,但是子弹打光了。后来有人摇了摇我的肩膀,说:"行了,德国人已经跑了。"周围躺满了惩戒营士兵的尸体,但我还活着。写了一份关于这次进攻的报告以后,我就被放了出来,还获得一枚"勇敢"奖章。

我被送回原来的那个团。至于瑙姆金最后是什么下场,我只能说不知道。

我在第322师战斗了一段时间。大部分时间里,我们都在为进攻做准备。我记得有天晚上我们曾行军60公里。军官们骑在马上,其他人则依靠两条腿,冒着大雪不断前进。我们知道必须等炮兵就位,才能发起进攻。为了把所有需要的东西拖进阵地,我们花了整整一个星期的时间,可能还不止。我们没有睡觉的地方,所以只好用树枝搭成简陋的小屋——在这场战争中,我从头到尾就没在真正的房子里睡过觉!我们还带着一种轻便的小火炉。休息的机会特别少,因为备战过程中经常需要进行战术演练、射击练习,等等。

有一天,我们奉命列队,一个从坦克师来的军官朝我们喊道:"会驾驶汽车和修理汽车的——向前一步走!"战前我叔叔是一名专业的司机,他用一辆卡车给我上过几堂驾驶课。那个军官问我:"你开过车吗?"我回答说:"开过五公里左右吧。""上前。"就这样,我成了坦克驾驶员和机械师!有经验的坦克驾驶员向我们从头教授相关知识。因为当时还领不到有名的T-34,所以我们先学习的坦克型号是T-60、T-70和BT-7。

教官告诫我们,千万不要在战斗时穿全套作战服(你穿得越臃肿,坦克中弹后活着逃出去的机会就越小)。这几种"铁棺材"安装的都是汽油发动机,像火柴一样一点就着。及时逃出坦克是我们需要学习的最重要的本领之一。

接着,我们就参与了实战。我先后使用了四辆坦克,它们最终都被击毁,但我一直没有受过伤。第一次,我刚好赶在那辆"汽油坦克"爆炸前逃了出来。死掉的人大多是坐在炮塔里的车长。因此,被提拔为T-34坦克连连长以后,我从不坐在炮塔里,一般都是担任坦克驾驶员。坦克炮塔中弹的概率比较大,所以坐在(炮塔)里面的人活下来的概率就比较小。也许这(不坐在坦克炮塔里)就是我活下来的原因。

后来，我们得到几辆完成修复的T-34坦克，因为我既是中士，又是高中毕业生，所以就成了一名车长。在新坦克里，我感到说不出的自在——虽然坦克所提供的视野很狭小，天空和大地总是在我眼前一闪而过，但是它的主炮威力十足。我们找到了在坦克里交流的办法，比如炮手一旦做好准备就推我一把，然后我立刻来个短停，让他开炮。我们合作得很不错。

1942年夏天，我当上了少尉，和其他跟我一样获得战地提拔的人一起被送到鄂木斯克的坦克学校。我们虽然成了军官，但还不懂怎样在实际情况中指挥坦克作战。我们用了三个月左右的时间学习战术，练习射击，还去了174号工厂参与坦克组装。这个工厂没有设置流水线，所有零件都是靠人力拼到一起的。

1942年年底，我们得到了新坦克，然后被派往斯大林格勒前线。在我的车组中，驾驶员是米沙·米罗诺夫，1922年生人，战前是一个拖拉机手。我前面已经说过，我是坐在驾驶员座位上指挥整个车组的，所以米沙就成了机电员。出生于1924年的科利亚·日布列耶夫是装填手。炮手是万尼亚·佩乔尔斯基，他是西伯利亚的一名猎人，有一手百步穿杨的功夫，反正我绝不可能像他那么准。就算第一炮没打中目标，他打出的第二炮也绝对不会落空。车组里的所有人都可以互换角色。我们都是驾驶和射击样样通。

米哈伊尔·费奥多罗维奇·潘科夫是我所属的坦克军的军长。至于我服役的具体部队坦克第17旅，旅长是舒尔金中校。旅长从不坐坦克。在进攻时，他总是坐着吉普车在坦克之间穿来穿去，手里还拿着一根棒子。如果谁的坦克在战斗中停下，那他就得自求多福了。他会发现有人在驾驶员舱盖上敲一下，说："打开舱盖！"然后坦克里的人刚一露头，舒尔金的棒子就会飞快地打过来。我就被打过一次。当时我的坦克发动机停止运转了，而且我确信听见外面有人在拿东西敲坦克。我摘下坦克帽，把它套在膝盖上,然后打开舱盖,把膝盖(假装成脑袋)顶了出去。他打了我的膝盖几下,居然没发觉问题!后来,我终于重新启动了发动机,坦克继续前进。过了一段时间,我已经把这件事忘得一干二净了,舒尔金中校却把我叫去问道:"你是在哪里学会骗你的旅长的?你为什么耍我?""什么时候,中校同志?""我听说你把坦克帽戴在膝盖上。你为什么不把戴着坦克帽的脑袋伸出来?""中校同志,我认为优秀的指挥员绝不应该让自己的脑袋受伤!""嚯,你妈的,好极了!解散吧!"

等到奥廖尔进攻战役打响,我已经是一个坦克连的连长了。在营长波奇诺克负伤时,我还暂时接替了他。营参谋长是尼古拉·彼得罗夫大尉。他和我一样,曾在惩戒营待过。他以前是飞行员,在惩戒营服役一段时间后被调到坦克部队。他曾经这样说:"我再也不想回空军了,宁可在地面上被烧死。"

进攻战役打响前,我们营拿到了一份地图。几个连长和彼得罗夫一起讨论了如何行动,最后我得出结论:"看吧,尼古拉,那里将会是我们的坟墓。"他回答:"你说得对。"有个绰号叫"斯皮尔卡"的装填手斯皮里多诺夫是个傻大胆,在老家还犯过法。他在营里是个名人,因为他曾经带几个和他一样胆大包天的人穿过敌人防线,寻找食品和酒水。所以,我就对彼得罗夫说:"听我说,斯皮尔卡可能到过德军防线后面。我们去问问他吧。"于是我们去找斯皮尔卡。我问他:"你去过德国人那边?"斯皮尔卡口齿不清地说(他镶着金牙):"嗯哪,也许吧。咋啦?""你到底是从哪里穿过去的?"斯皮尔卡回答说:"我们从一片沼泽里穿过去的。那里没德国人。""沼泽有多深?""大概齐腰深吧。""底下怎样?""反正我们没被陷住,连长,我可以带你去看。"

于是,彼得罗夫大尉和我带上武器去了一次。我们绕着沼泽走了走,试了试底下的硬度。那里一个德国人也没有。回来以后,我们换了身衣服，就去旅部报告。舒尔金中校接见了我们，潘科夫将军也在。房间里很亮堂，有一张桌上摆着地图和命令文件。舒尔金中校是这样称呼我的："哟嗬，乌鸦头（我的头发是乌黑的）！"他问我："你和彼得罗夫想出什么点子了？"就在这时，司令员罗科索夫斯基也进来了，但我和彼得罗夫是背对着房门，所以没看见他。我回答说："中校同志，我可以和潘科夫少将说话吗？我们不想走指定的路线。"接着我就听见背后有人说话。是罗科索夫斯基："你们为什么不去？"我们（我和彼得罗夫）都被吓得跳了起来。"司令员，那是送死，我们的人和坦克都会完蛋的。"他淡淡地回答说："你们要是不去，就会被枪毙。""司令员，我们侦察以后发现可以穿越沼泽。"潘科夫将军说："你们的装备都会沉掉的。""不会的，底下很硬。我们还可以在那里堆木料，坦克一辆一辆地穿过去，德国人不会知道的。"罗科索夫斯基说："那就干吧。"

我们带着整个坦克营穿过了沼泽。因此，坦克部队在没有任何损失的情况下就突破了第一道防线。后来，德国人进行反扑——等拿下了奥廖尔城，我们原先的33辆坦克就只剩4辆了。凭着这次战斗，我获得了"亚历山大·涅夫斯基"勋章。

第十一章
"只要你的部队还在,你就得跟他们在一起!"
尼古拉·雅科夫列维奇·热列兹诺夫

战争开始时我17岁半,刚从学校毕业。当然,我们都希望战争只打两三个月,然后敌人就被击溃,胜利属于我们。但是我们逐渐发现,敌人远比我们预料的更强大、更奸诈。所以在7月初,德国人打下明斯克时,我爸爸就对我说:"儿子,你该找工作了。"于是我去205厂当了一名金工学徒,这个厂会制造用来引导防空炮火的设备。三个月后,我通过考试,成了一名四级金工。在8月初,噩耗传到我家:哥哥米哈伊尔在斯摩棱斯克战死了。这件事对我家的打击有多大,你现在根本想象不到!

10月,德国人逼近莫斯科,上级决定把我们的工厂搬迁到萨拉托夫,于是我也开始打点行装。家里人用防水帆布给我缝了个布袋,方便我装衣服——那年头帆布背包很稀罕也很贵,而我们家的人挣的钱并不多。我们的火车原定的出发时间是10月22日,但是在15日,当国家政府机关开始撤离时,恐慌笼罩了莫斯科。我看见"镰刀铁锤"工厂的工人涌进伊里奇广场,因为他们的领导带着家属和财物登上了公家的卡车想逃跑。工人们怒不可遏。他们截停卡车,把那些官僚连同他们尖叫着的家属和金银细软都扔到大街上。所有财物转眼就被哄抢一空。这样的骚乱很快蔓延到全城。人们开始哄抢商店。我看见一群无法无天的暴徒洗劫了一家三层楼的百货商店，把所有东西都搬回自己家里。

抵达萨拉托夫后，我们很快重建了我们的205厂，在农业研究所的大楼里安顿下来。抵达目的地才五天，我们就开始组装产品了！我们每天工作14~16个小时，没有任何休息日。在1942年2月，我们干脆把床铺搬进了车间。每天我们只睡5个小时左右，就会被叫醒继续工作。我们的生活和工作只有一个目的：尽快给前线部队提供他们需要的一切。这不是口号，也不是宣传！我们确实就是那样生活和工作的。

在5月，我对一起工作的同伴说："咱们都上前线去吧。在这儿喂虱子可让我受够了！"于是，我们都去了兵役局。兵役局局长斯米尔诺夫上校听过我们的要求后说："你们是兵工厂的工人，不适合应征。除非你们的厂领导同意，你们才能来部队。"我们成功说服了厂领导同意我们去前线，不久后，我们就入伍了。

起初我进的是培养步兵中士的速成训练班。有关训练持续了一个半月，然后校方就授予我们中士军衔。毕业那天，学校工作人员让我们在操场上列队，校长公布了我们的新军衔。接着，他走下讲台喊道："立正！听我命令！凡是高中毕业或者高中读了一半的——向前走十步！凡是技校毕业或者技校读了一半的——向前走五步！凡是读完十年级的——向前走三步！齐步走！"

每个人都走了起来。有的走三步，有的走五步，还有的和我一样走了十步。但是和我一样的人并不多，因为那年头读完十年级就算很不错了，大多数人只上了四到七年学。就这样，他们让我们排成纵队，把我们带到军事人民委员部。我们的"买主"已经等在那儿了，包括一个坦克手军官、一个来自军政学校的军官和一个飞行员军官。他们每个人的领章上都有四条"杠"——都是上校。一开始，他们根据我们的志愿来选择我们。我的一个朋友说:"大伙都去当坦克兵吧!可威风了!一上坦克,整个国家任你驰骋!那骑的可是铁马啊!"这确实很诱人。不过,当我们走向那个坦克兵军官时,我听见那个来自军政学校的军官叫住了我。他说:"你想进军政学校吗?""不,我不想,"我回答说,"我已经打定主意要当坦克兵了。"他说:"你可能会后悔。那里很苦的。伺候坦克可不容易。你为什么不当政工人员呢?你只要从学校毕业,就能当连指导员。如果你证明自己有能力,甚至能当营政委!"不过,我没有听从他的劝说,1942年6月25日,我被萨拉托夫第一坦克学校录取了。

我们用英国造的"玛蒂尔达"和加拿大造的"瓦伦丁"坦克训练了差不多一个月。我必须指出的是,"瓦伦丁"是一种非常成功的坦克,其车身低矮,主炮强劲,发动机运行起来很安静。后面我会告诉你,我们在一场战斗中怎样用两辆"瓦伦丁"干掉了三辆"虎"式坦克。不过说到"玛蒂尔达"——那就是个巨大的靶子!它的装甲很厚,可是主炮口径只有42毫米,配备的瞄准镜也堪称"老古董"。这种坦克笨拙迟缓,机动能力低下。比如那两台90马力的利兰发动机在柏油马路上,也只能勉强让坦克跑出25公里的时速,在便道上就更慢了!不过,到了7月底,我们学校领到了T-34坦克,我们的训练课程因此改为学习使用T-34。

我们在学校里接受的是作为坦克车长和坦克排排长的训练。首先,我们熟悉了装备——坦克的主炮、机枪、电台、变速器、行走部分和发动机。虽然此前我们已经对炮塔、车体和行走部分形成了一些概念,但对坦克的另一些部件还是一无所知,比如柴油发动机。除此之外,我们还学习了各种条令:卫兵勤务、野战条令,等等。在训练场上,我们练习了排级和连级的各种坦克战术,还学习了不同坦克之间应如何相互支援。当然,他们还教我们怎样驾驶坦克,怎样用主炮和机枪射击。学校没有安排学习操作德国坦克的课程,但整个学校的走廊里都贴着画有德国坦克的大幅海报，海报上还说明了这些坦克的战术技术特征，我们通过这种形式学习了相关知识。

每天的时间表是这样的：9点到14点上课；14点到16点是午饭和个人时间；16点到21点还得接着上课。我们在学校里都穿着军装，如果军容不整还会被罚做额外勤务。衬衣的领子必须始终保持洁白，所有纽扣都得扣好——尽管是战时，这些事情也容不得半点马虎。学校里的纪律很严。另外，虽然大家不分军衔一律平等，但学员仍被禁止和自己排里的班长结交。

包括我在内，以优异成绩从学校毕业的人都得到了再留校接受三个月政治培训的机会，完成培训后就能在前线担任分管政治工作的副营长。这一次我没有拒绝。培训期间，我被任命为坦克第2营学员第7连的一名排长。这时我才19岁，还是个孩子！

学习结束以后，我们前往高尔基，接收从红色索尔莫沃工厂下线的坦克。我们驻扎在博罗赫纳，被编入后备坦克教练第3团。我们在那里接收人员，并开始战斗训练，还实施了整排乃至整连的演习。演习在练习场上进行，各个车组操纵坦克，执行排级或连级的进攻、防守或行军等任务。完成演习后，我们还会练习坦克射击。我作为排长，必须确保每个车组的所有乘员都能互相替代。所以，我会尽力保证（车组里的）每个乘员都能在必要时驾驶坦克和使用主炮或机枪射击。

通过这样的演习，一个车组里的每个乘员都能明确自身职责，车长和排长也能掌握判断自己在战场上和指挥体系中的位置的能力。不管怎么说，指挥都是一场作战中不可分割的一部分。排长需要观察战场，向排里各个车长下达对目标开火或移动的命令。不过，很多时候排长都顾不上下命令，因为如果把太多时间用于指挥他人，他就可能在战场上葬送自己的性命。一切都取决于排里各个坦克车组独立行动的能力。

我们的演习是用训练车辆进行的，但在把我们送上前线时，军队会给我们全新的坦克。虽然这些坦克看起来都一样，但那只是第一眼的感觉。每辆坦克、每门坦克炮都有自己独一无二的个性。想要事先了解这些个性是不可能的，你只有通过日常使用来逐渐发现。所以说，我们最后是开着自己不熟悉的坦克上前线的。车长不知道自己的坦克主炮准头如何。驾驶员不知道自己的柴油机能做什么，不能做什么。当然，他们在工厂里已经调校过火炮，进行了50公里的试车，但那根本不够。显然，我们必须在战斗前利用一切机会更多地了解我们的装备。

1943年春季，我们登上一列火车，来到了莫斯科附近的一个地方。那里正在组建坦克第4集团军，我们所在的乌拉尔志愿坦克第30军是它的一部分，而我将待在这个军里，打完整场战争。在夏天，集团军部署到了苏希尼奇西南，那里就是我第一次参与战斗的地方。第一次战斗是最吓人的。常有人问我："你害怕吗？"我会承认——我害怕。在进攻开始前，当我打开通信装置，等待"前进"的命令时，恐惧感就会袭来。五分钟或者十分钟后我会有什么下场？只有天晓得！我的坦克会不会中弹？我还年轻，身体很棒，想要活下去，可是也许几分钟后我就不再存活于世了！当然，我们没有一个人屈服于恐惧，但是每个人都会本能地害怕。不过，一旦进攻开始，就会有某种异样的微妙的力量涌现出来，指引着我们。此时我们不再是凡人，再也无法以凡人的方式推理或思考。也许就是这种力量救了我们。

7月25日晚上，我们进入出发阵地。旅长向我们传达的任务是强渡奥尔斯河。我所在的第63旅被部署在二线，一线部队是坦克第62旅和机械化步兵第30旅。强渡奥尔斯河后，他们撞上了德国人在212高地（我记得是这个地方）设置的防线，且无法突破。然后，军长就命令我们旅冲破敌人的拦截向南推进，先打下鲍里索沃，再攻取马萨利斯科耶。但是我们旅的工程侦察搞得很糟糕,我们的坦克在涉过努格里河时陷进了烂泥里——这条河的河床很软,而对岸又是陡直的峭壁。所以我们的第一仗打得并不成功——进攻完全停顿了。

接着,我们被调到前线的另一个地段,在那里取得了比较大的战果。德国人在一个村庄的边缘地带布防,部署了反坦克炮和半埋在地里的坦克。我的坦克在那一仗里消灭了两门火炮和一辆半埋的三号坦克。我朝那辆(三号)坦克打了两炮,它就变成哑巴了。至于那两门火炮,其实是被坦克压坏的,不能算我的功劳,应该算在我的驾驶员头上。我只是发出命令:"米沙,左边!火炮!"等我们的坦克开过去以后,我看见附近还有另一门,大概在十米开外的位置:"把那门也干掉,否则它会转过来打我们的后面!"我们还打死了许多步兵。开到村子的另一头时,我看见一大群德国人——有150人左右——正在穿过一片农田想要逃跑。我对他们紧追不放,还用机枪开了火。一个人倒了下去,接着是另一个、第三个、第四个、第五个……第十个。当然,开火的不止我一个——全连都突破了敌人的阵地,我方步兵也在射击。谁知道那些人是被我打死的,还是被别人打死的?不过据我估计,我在那一仗里杀了25个敌人。我因此获得了"红星"勋章。当然,我们也出现了损失。我们营按编制应有21辆坦克,但在那一仗中损失了5~7辆。

你问我们是怎么接受进攻任务的?连长会给排长下命令,让这个排按照全连应该前进的方向,从一个参考点运动到另一个参考点。我的任务就是(将坦克)开过这段距离,并且在这个过程中保住自己的性命。战斗进行时,电台里自始至终都会传来连长的命令:"21号车,21号车,改变方向!左边,200度,德国火炮。"听到这种命令,我的坦克就必须转向,否则其侧面很可能被那门火炮攻击。

我们继续进攻,经过几次战斗以后就打到了利戈夫站。事实上,我们已经没法继续前进。我们的坦克和步兵都减少了，损失相当惨重。每个连只剩一两辆坦克。全旅应该有65辆坦克，到战役结束时还剩不超过12辆。这些坦克和相应的车组都被调走，用于加强坦克第197旅。在战时，这是一种常见的做法：把一个军里幸存的坦克集中起来，重新组成一个旅，并把另两个旅撤下去休整。

奥廖尔进攻战役结束以后，我们撤到后方休整和补充。我们接收了新的装备和车组，然后在1944年2—3月间，我们所属的集团军参与了普罗斯库罗夫—切尔诺维策进攻战役。我想要告诉你的那次战斗就发生在这场战役里。这次战斗我没有参加，因为我们部队当时位于二线，不过具体情形我都看到了。那是在3月23日或者24日，地点是斯卡拉特市附近。我们沿着一条公路朝卡缅涅茨-波多利斯基前进，先头部队的三辆T-34坦克被部署在小高地上一个村子里的三辆"虎"式坦克击毁了。那时我们的坦克只有76毫米主炮，只能在500米距离内击穿"虎"式的前装甲。所以这些德国坦克不用躲在掩体里，而是直接暴露在外面。可是，如果你想靠近，它们就会在1200～1500米外把你的坦克打爆。它们狂得很！说实话，我们的坦克在还没有85毫米主炮的时候，一旦遇上"虎"式，就不得不像兔子一样逃跑，然后找机会兜回来，包抄它们的侧翼。这种打法的难度很大。如果你看见800～1000米外有一辆"虎"式开始瞄准你，那么在它的炮口左右移动时，你还可以留在坦克里；可是，它的炮口一旦开始上下移动，那么你最好马上跳车，否则就会被烧死！我从没遇到过这种情况，但是别人曾经跳过车。不过，在T-34-85服役后，我们就能和敌人的坦克一对一较量了。

公路右侧长着一些灌木丛，但是它们不够高，藏不住一整辆T-34。旅长福米乔夫上校做出了正确的决定。他是个非常能干的军官，大家叫他"老爹"不是没有原因的。他从我们的摩托第7营调来两辆车身低矮的

"瓦伦丁"坦克，它们利用灌木丛作掩护，接近到与"虎"式300～400米的距离。它们用射击侧面的方法干掉了两辆"虎"式，接着打掉第三辆。第四辆"虎"式在高地的斜坡上，其乘员没有看见自身左侧发生的事。后来，这辆"虎"式开到别处去了。这样一来，德国人防线的左翼就完全暴露了，我们立刻碾过灌木丛，冲向这个缺口。我们遭遇了反坦克炮，但它们的阵地离灌木丛只有100～200米远，我方坦克冲过这段距离只需要25～30秒。坦克毕竟可以高速冲击，而且不断变换方向——要是笔直地行驶，那你的坦克就等于直奔鬼门关而去。那些反坦克炮开了几炮，然后就被碾碎。德国人的步兵也仓皇逃跑。只有在电影里，步兵才会故意放坦克冲过自己的阵地（然后截住后面的敌方步兵）。在现实中，如果看见坦克出现，而且发现它们即将突破阵地，步兵一定会马上沿着交通壕逃跑。

我们在那个村子里耽搁了两个半到三个小时，但是在晚上就打进了卡缅涅茨-波多利斯基。我们在城市外围地区损失了两辆坦克。它们是被一个高射炮连击毁的，乘员都被烧死了。我看着他们下葬——五大三粗的汉子被烧过以后，身体缩得只有12岁的孩子那么大。他们脸上的皮肤呈现出了好几种颜色：红色、蓝色、褐色。当时看着真可怕，即使现在回想起来也很不舒服。

我们的侦察队报告说，城市外围地区停着德国人的卡车。于是，我们过去看了一下。那里的卡车真是太多了！也许有3000辆，说不定还会更多！显然，这是敌人普罗斯库罗夫集团的后勤车队。这些卡车上装满了香肠、火腿、各种食品罐头、巧克力、奶酪，还有很多酒——法国白兰地和意大利酒。我记得特别清楚的是意大利苦杏酒。在我的记忆里，那种酒的味道就是战争中的一大乐趣。除此之外，我们还缴获了好几辆完好的德国坦克，不过我们没有使用它们——那太危险了。苏联人里有一半是亚洲人，你必须考虑到这里面包含了哈萨克人、塔吉克人、乌兹别克人、鞑靼人和摩尔多瓦人——要是你开着缴获的坦克，他们准会用各种武器劈头盖脑地朝你打来，让你稀里糊涂被烧死。因此，我自己会尽量不碰德国车辆。

卡缅涅茨-波多利斯基市位于德国人防线背后100～150公里的大后方。德军普罗斯库罗夫集团正在朝德涅斯特河突围，我们旅占领的这座城市正好挡在他们的路上。3月29日或30日，我们遭到敌人发动的出乎意料的强力突击。那天，我们奉命前进到郊区的多尔若克村。我的坦克开近村尾的几幢房子时，看见有40辆左右的敌坦克和自行火炮直冲我方而来。我一炮不发就开始后撤。跟这么多敌人硬拼根本没有机会——我只要开一炮，马上就会没命。我们用倒挡撤到了斯莫特里奇河岸边，我把坦克藏在一些灌木丛后面，只露出炮塔。步兵也在附近设防。有一辆我军的坦克在我左边。一辆逼近的德国自行火炮朝它开了火，炮弹在它的装甲上被弹飞，窜到城里去了。我看不见那辆自行火炮本身，就瞄准它炮口的火光实施射击。结果那辆自行火炮立刻迸出一团火焰。谢天谢地，它烧起来了！没有其他坦克出现，但是德国步兵还在继续进攻。他们排成两条散兵线前进，每条散兵线有50～60人，边走边用冲锋枪射击。于是我开始用机枪扫射他们，他们纷纷扑倒在地。接着，我用主炮打了10～12发炮弹；有15～20人跳起来跑了，剩下的都躺在那里一动不动。这时一切都平静下来。跟着我的坦克作战的步兵是1个班共7个人，我命令他们在我（的坦克）周围挖好工事准备防守，因为我担心德国人趁夜里朝我的坦克扔手雷。不过这天夜里平安无事。德国人没有再次进攻，显然他们绕过城市跑了。不久后我们就收到命令，撤到后方进行休整和补充。

你问我们是怎么和步兵交流的？他们排搭乘在我们排的坦克上，我会和他们的排长联络。我是排长，他也是排长，不过我说了算！是我带着他跑，而不是反过来。我会命令他："在这里和那里布置岗哨，别让德国人偷偷摸上来发射'铁拳'。要是他们把坦克点着了，那么我完蛋，你也会完蛋。"步兵需要保护坦克，毕竟如果没了我们，他们的日子会非常难过！如果我们（坦克部队）遭到敌人射击，或者我们需要突破敌人的防线，步兵一般都会下车，不过其中一些人还会留在车上。他们会躲在炮塔后面。我前面就说过，坦克在进攻时车速是很快的。为了不被击中，你的坦克要像兔子一样在战场上左突右拐地前进，但愿不会有步兵倒在履带下面被你碾过去！那样的话可太惨了！当然，坦克也可能远远地冲在步兵前头。只有在电影里，你才会看见坦克排成一排进攻，步兵紧跟在后面——现实中的战斗都是我描述的那样。只有这样，你才能活下来。

我参与的下一场战役是利沃夫—桑多梅日进攻战役。我是坐着一辆T-34-85参战的。当时这种坦克还很少——我的排里只有一辆。我们军的任务是利用突破口，向敌纵深推进。我们朝利沃夫一路前进，没有遇到任何抵抗。我们解放佐洛切夫市时，军长用我们第63旅换下了作为本军先遣支队的第61旅。旅长把我们召集起来，说："克留科夫中尉的排作为前方侦察群，波利根基中尉的排在右翼，热列兹诺夫的部队在左翼。"我的排被上级加强了一个冲锋枪排，还有两门ZIS-3火炮——被我们用坦克拖着跑。我让冲锋枪手和炮兵都搭乘在坦克上，并把摩托车手安排在队伍前头，坦克排和装着弹药的卡车拉开一定距离，跟在摩托车后面。我们在一条便道上按照这个队形前进了大约三公里，和旅主力（所在位置）保持平行，并且用电台和营长保持联络。

当我们接近距离佐洛切夫12公里左右的一个小村子时，我看见前方大约1.5公里处有一片烟尘。我立刻下令停止前进，在距离村子大约400米的一片树林边缘布置防御。骑着摩托车的侦察兵回来报告说，敌人的一路纵队正在逼近。我估计他们有两三辆坦克，其余都是步兵。我们可以像厨子料理土豆一样把他们解决掉。敌军纵队的先头部队有几辆摩托车

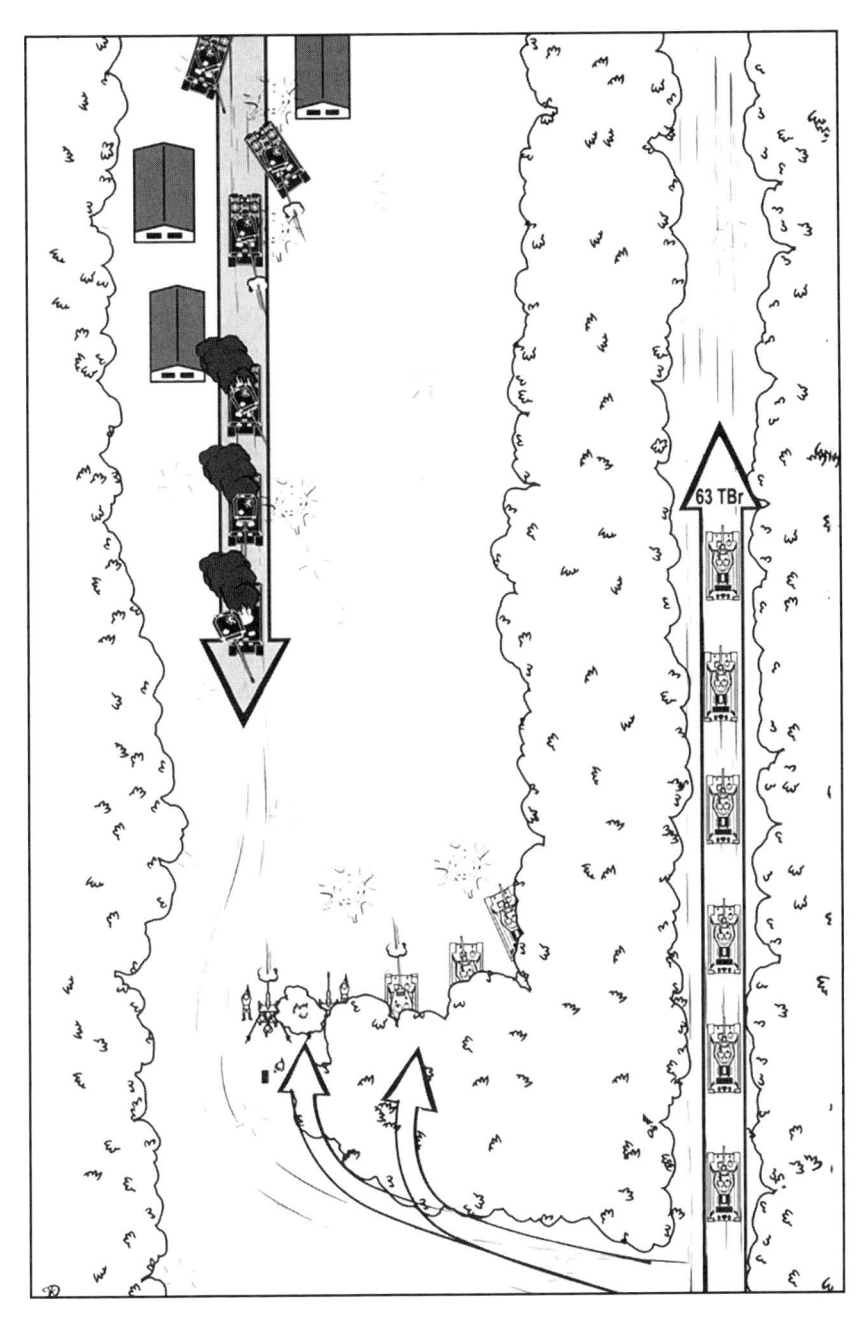

佐洛切夫市附近的战斗。

第十一章"只要你的部队还在,你就得跟他们在一起!"/ 187

和三辆"豹"式坦克。我在电台里说:"第一辆(坦克)是我的。科兹洛夫,你对付第二辆。吉洪诺夫,干掉第三辆。"我们把敌军放近到600米左右的距离,然后我一声令下,大家就开了火。那几辆坦克都变成了火球,我们的步兵和炮兵则消灭了摩托车上的敌人。接着,德国人展开纵队,他们竟然有不少于20辆坦克!他们撤到村子里,开始朝我们射击,于是我下令撤退。我对坦克驾驶员别祖霍夫说:"科利亚,咱们往右边去。"他刚一转弯,一发穿甲弹就钻进了变速器。我们的变速器卡住了,油箱也被打裂了。坦克开始燃烧。我连忙大喊:"大家快跳车!"谢天谢地,所有人都跳出来了。我不该下令转弯——我们应该用倒挡退到树林里再转弯。但是我(的坦克)在开阔地带先转了弯,结果就挨了一炮。我指挥的另两辆坦克都成功撤退了,炮兵和步兵把大炮推进林子里,然后我们赶到公路上,找到了旅主力部队。我记得德国人也没再追击,而是掉头跑了。因为担任着排长,所以我很快上了另一辆坦克。只要你的部队还在,你就得跟他们在一起!

当我们旅进入利沃夫时,我换乘的那辆坦克也被击毁了。它的发动机中了一弹,开始燃烧,好在我和其他乘员又成功逃了出来。我逃跑时,一发迫击炮炮弹在附近炸开,它的弹片让我挂了点彩。战友们很快包扎好我的伤口,我们开始徒步前进,当然是跟在坦克后面。我们走近了一座以前盖世太保所盘踞的大楼。我打开门,看见前方是铺着地毯的大理石楼梯,通向二楼。我走上楼去,在一扇橡木门前停下脚步。门上装着又大又亮的铜制门把手。我打开门,发现里面是个大房间,估计是盖世太保头子接见客人的地方。房间里有一张大桌子,还有几个庞大的文件柜。我看见左边文件柜的抽屉全被抽出来了,觉得有点可疑,但是也没在意,就往隔壁房间的房门走去。突然,我发觉文件柜里藏着人,回头一看,只见一只拿着"帕拉贝鲁姆"手枪的手已经抬到桌面上了。我立刻拉开房门,一头扑进去。德国人开了枪,但是没打中。我倒在地板上,赶紧转过身来。因为动作太猛，身上的伤口都裂开了，血又开始流个不停。我趴在地板上，透过门缝观察，看见一个德国军官从文件柜里爬出来，他是个中尉。我拔出自己的"帕拉贝鲁姆"手枪，对着门缝开了枪。我打中他的右肩，他的枪应声落地。当时在一楼搜索的冲锋枪手和我手下的坦克兵听到枪声，赶忙冲进房间里。这个德国中尉站在原地举起了双手，我看见他的左手腕上戴着一块手表。我的驾驶员说："中尉同志，他有块好表呢。"他把那块表摘下来，对我说："留着当纪念品吧，也好记得你是怎么大难不死的。"于是，我就接过了那块表。至于那个德国军官？我下令把他拉出去毙了。要是他没开枪，我会饶他一命。不过，既然他想杀我——恶狗就该不得好死。

总的来说，我必须承认我们对德国人是恨之入骨的。不过我们在打进德国时，接到了善待当地人的命令，所以我们没有为难平民。有时，我们甚至会给小孩送吃的。每辆坦克上都有个小盒子，有的坦克上甚至有两个，里面装着缴获的巧克力，我们就用这种巧克力招待孩子们。关于缴获战利品的事，我得特别说明一下。在进攻战中，后勤部队会被我们远远甩在后面，我们只有在休息时才能吃到营炊事车提供的饭菜！不过在一场战斗结束后，我们总能缴获一些东西，因为德国士兵不像我们这么穷。他们什么都有。我们其实也什么都有，不过那些东西都远在后方，能送到我们手里的实在太少了。除此之外，我们吃的食物都是战利品：香肠、奶酪、罐头肉。不过德国人的面包真难吃，不仅没什么味道，看上去也不是面包的样子。吃这东西和嚼锯末没什么两样。我还记得我们通过《租借法案》得到过用1.5公斤容量罐头装的烟熏猪肉。猪肉被切成10厘米长、1厘米宽的长条，长条之间用纸隔开。切上两三片这种肉，夹在面包里做成三明治，就着半杯酒吃下去，你会觉得人生真是美好！我们是这么喝酒的：把100克酒倒进一个铝杯里，旁边放一个装着水的军用饭盒。我们喝一口酒,再喝一口水,一点问题都没有!你知道吗,这100克酒本来应该是我们(从后方)领来的,但都被后方的家伙喝掉了。我们喝的是缴获的酒——不过我从不在战斗前喝酒,绝对不喝。喝了就意味着自己被烧死。战斗结束以后,我要是还活着,那就喝个痛快!

当我们渡过维斯瓦河,进入桑多梅日登陆场时,营里只剩5辆坦克了。一连有3辆,二连有2辆。我们全营的军官都坐在这5辆坦克里。我们还能去哪?已经没有预备队了。所以不管愿不愿意,大家都得成为编外的车组乘员。我们就靠着这点坦克和同样损失惨重的机械化第6军,防守着10公里长的战线。步兵在我们前面,组成一条战力薄弱的防线,我们在他们后面200～250米的地方。如何形容这样的防线呢?好像只要被人吐口唾沫,它就会散架。但是德国人没来攻击我们。要么他们已经无能为力,要么就是另有原因。

有一次,营长带着坦克车长们执行战地勘察。我们到了一个步兵连所在地域。该连连长接待了我们,然后我们匍匐进入两军中间的无人地带,观察了四周,分配了射击区域,再回到己方战壕里。该回我们营的坦克阵地了。那个步兵中尉(即步兵连连长)提醒我们:"别走那片空地,那里已经被德国人盯上了。"但我们的营长说:"没什么大不了的,我们能过去。"结果德国人打了3发炮弹,我们死了7个人,其中4个是排长,3个是车长。我也出现了脑震荡的问题。我的"帕拉贝鲁姆"手枪救了我一命。那是一种了不起的武器,各方面都比我们的"托卡列夫"强。德国人的一发炮弹在很近的地方爆炸——大概离我只有三四米——朝我飞来的一块弹片击中我的手枪,把它打弯了。爆炸产生的气浪让我一头栽在地上,血从我的嘴、耳朵和鼻子里流出来。后来有人告诉我,起初(战场上的)我方人员以为我死了,但是在把我裹进防潮布里好下葬时,我动了一下。因此我很走运,没有被他们活埋。我的脑震荡非常严重,但卫生排对我进行了特别护理,过了15天左右,我的听力和说话能力就开始恢复正常了。

我们部队部署在桑多梅日登陆场的时候,我击毁了一辆四号坦克。事情是这样的。我的坦克主炮射击水平非常棒。坦克第4集团军的司令员列柳申科在战斗间歇组织过一次最佳炮手竞赛,我还参加了呢。所以,那一次(作战时)营长就对我说:"瞧那边,有辆德国坦克。"我说:"我看见了。"那辆德国坦克自顾自地沿着和我们平行的方向行驶,双方相距大概1200~1300米。"你炮打得准,去把它干掉。"我爬进一辆坦克,然后瞄准敌方坦克开了炮。炮弹从那辆德国坦克的炮塔左上方飞了过去。我又开了一炮,还是没打中。德国坦克已经朝我们这边转过来了——其乘员注意到我们在朝他们射击,想找出我们的位置。我赶紧爬出坦克——何必留在里面等死呢?我对营长说:"你瞧,瞄准镜要么歪了,要么就是被故意搞得不能用了。"营长说:"是啊,真倒霉。另外找一辆坦克打它。"我爬上位于车棚后面的一辆坦克,对它的车长说:"快点,把它开出来,我要干掉一辆德国坦克。""那坦克在哪?"他说,"我看不见。""好吧,"我说,"我带你去看。"我们从车棚后面走出来:"看见了?""看见了,"他说,"让我来干(击毁敌坦克)吧。""别想,那是我的。"于是,他把坦克开出来,我坐进炮手的座位,一炮就打中了那辆敌坦克的正面。它顿时变成了火球!我发射的炮弹正好打在其车体和炮塔之间。有两个人跳车,但是另两个显然死在了车里。因为这桩功劳,上级给我颁发了"红星"勋章,还给了我500卢布的奖金。这是一种很常见的做法:我方坦克消灭敌坦克后,上级会专门奖励该坦克的车长。毕竟车组其他乘员的任务就是给车长提供支持。不过,在一场战役结束后,活下来的人一般都能获得嘉奖。

在深秋时节,我们后撤到距离前线20公里左右的济姆诺沃德村。我们得到了补充兵员,对车组进行培训,还举行了演习。我们设置了一个实弹训练场,那里有一个使用特殊装备的训练排——这个排的三辆坦克都

在桑多梅日登陆场的行动。

在主炮炮膛里安装了一支步枪。乘员可以用主炮练习瞄准，但实际发射的是炮膛里步枪的子弹。我们练习了对移动靶射击、对固定靶射击，甚至练习了行进间对500～1000米外的移动目标射击。不过我要告诉你，在实战中我都是停车以后射击的。毕竟坦克行进时，你能看到的只不过是地面和天空快速地交替出现，在这种情况下根本打不中任何东西。

当维斯瓦河—奥得河战役在1945年1月打响时，我们在二线开进了大约50公里。接着，我们营被调到前方，担任尖刀部队。在1月12日，我们乘着夜色，接近了彼什赫尼察村。它处在通向凯尔采市的路上。那是个很大的村子，矗立着两三排房屋。旅长把我们营排成战斗队形，然后我们就开始进攻。在这次战役之前，我已经被调到三营。事情是这样的：在济姆诺沃德村，我们住在波兰村民的房子里，还和波兰姑娘谈恋爱。毕竟我们都年轻。我那时只有20岁。我经常和我的连长廖什卡·库季诺夫一起找姑娘们玩。我们（车组）和他同乘一辆坦克。我是一排长，手下有四辆坦克——我的排有三辆，还有连长的那辆。有一次，我和连长去找姑娘们，遇见一个带着孩子的吉卜赛女人。她对我们说："来吧，让我给你们看个相。"我们谢绝了，但是那几个波兰姑娘插嘴说："看看吧，你们怕什么？让她看看嘛。"廖什卡同意了。那女人拿起他的手看了看，接着看了看他的面相，用蹩脚的俄语说："我真不想跟你说实话，但是你会没命！瞧这条掌纹——它断掉了。""哦，好吧，"廖什卡回答说，然后他把我推到前面，"来吧，给他看看。"她拿起我的手："你嘛，还会活很久，不过要遭些罪。你会受很重的伤。""哦，看来我会缺个胳膊或者腿啥的。"我这样想道。我们的心情立刻变得阴沉了——没心思说话，就连跳舞也开心不起来。我们回去时，廖什卡说："尼古拉，咱们来改变你的命运吧。我是连长，没法转到别的营。但你是排长，想要换个部队很容易。再说现在坦克三营正好缺排长。"我说："那敢情好。"所以我就作为坦克三营的一员，参与了这次战役。

我们刚进村,德国人就朝我们开火。一辆坦克着火了,接着是第二辆、第三辆……敌人是在近距离上实施射击的。我的坦克开到一个十字路口。街角的一幢房子正在燃烧,借助火光,我可以清楚地看见一辆"虎"式坦克的身影。它距离我们不超过120米。我赶紧在炮手的头上推了一把,他从座椅上滑到弹药架上,然后我坐进了他的座位。我通过瞄准镜观察,但没有发现需要射击的地方。于是,我打开炮尾,准备通过炮管来瞄准。我发射的炮弹打中了敌人坦克的侧面,它顿时被火焰吞没。我回到自己的座位,摘下手套,准备把电台切换到内部通信频道,就在这时我失去了意识。后来我才知道,一辆德国坦克就停在我们前方大约50米外,它看见了我的主炮射击时发出的火光,就给了我的坦克迎面一炮。我醒来时,发现自己躺在坦克底部的炮弹箱上。坦克已经着火了,我喘不过气来。我看见驾驶员的脑袋被打爆了。炮弹穿过他的身体和我的两腿之间,但显然还有块碎片打穿了我的靴子,我的左腿在膝盖处被打折了。装填手死在我身边,他的胳膊被打飞了。炮手也死了——炮弹产生的碎片基本上都打在他身上,可以说他是用身体保护了我。我起身打开车长舱盖,但是爬不出去——我的左腿膝盖部分断了,没法打弯。我整个人就悬在舱口上。我的腿和屁股还在坦克里面,已经被烧着了。我的眼前弥漫着一片血雾——眼睛也被灼伤了。这时我看见两个人走过,急忙喊道:"兄弟们,帮我爬出来。""热列兹诺夫?""没错是我!"他们跑过来,抓着我的胳膊把我拽出来,而我的靴子留在了坦克里面。他们刚拖着我走开,坦克就爆炸了。我的衣服着了火,但他们拿雪盖在我身上,把火扑灭了。

他们把我带到卫生排的时候,就连阿妮娅·谢利采娃上尉都被吓得叫起来:"科利亚,你怎么会伤成这样?"我全身的皮肤被烧伤了35%!疼不疼?你说呢!我脸上的皮肤都被烧得垂下来了!我对她说:"给我点水喝,我渴。"她没有给我倒水,而是倒了点酒,说:"喝吧!"我抱怨说:"你给我的怎么不是水,是酒?""这对你有好处,能让你的疼痛感减轻一点。"

他们把我送到了集团军医院。在那里,我的腿被打上了石膏。最大的问题是我看不见东西,我整个脸都肿了。我的上下眼皮长到一块去了,医护人员不得不把它们割开。我不想谈这些,要不然我会哭出来的。总之,是伊万·谢尔盖耶维奇·柳比维茨和他的护士救了我的命。

我军没打下那个村子,只好撤到树林里。第二天,在进攻开始前,廖什卡·库季诺夫走出他的坦克,站在路边抽烟。接着,他就栽倒在地。一发穿甲弹将他的腿打断,他因为失血过多而死。那个吉卜赛人说对了。只不过我们要是不知道这些预言还会好受些。

我在医院里住了两个月。院方允许我出院时,我所属的集团军正在攻打柏林。我的脸变成了粉红色,上面满是伤疤。我的腿也不能正常弯曲,不过医生告诉我,回到部队以后会好起来的。这话没错,我的腿后来确实好点了。弹片击中的是半月板,起初没给我带来什么麻烦。我带着这块弹片活了将近50年。最近我因为半月板磨损过多,装了个假膝盖,弹片也被取出来了。医生看见弹片,说:"你是怎么走路的?""正常走。""正常走?什么意思?这块弹片嵌在关节里,你还能正常走路?""哦,也就是稍微有点拐。"正因为这样,我被调到后方工作。我曾想去司令部工作,但是没成功。

我的战争就是这么结束的。我和德国人打了个平手。我损失3辆坦克,也干掉了他们的3辆坦克,外加1辆装甲车。至于打死对方多少人——我已经数不清了。

第十二章
"你一旦停下，就完了！"
格奥尔基·尼古拉耶维奇·克里沃夫

战前我们住的地方离塔什干不远。6月22日中午，广播公布了战争爆发的消息。我和朋友们一起冲到征兵办公室，但是我们还没到入伍年龄，所以没被准许参军。1941年下半年到1942年年初，我在一家飞机制造厂当车工学徒，后来又成为正式车工。这家工厂是从莫斯科搬迁来的。

1942年夏天，我进入了已搬迁到切尔奇克的哈尔科夫坦克学校。当时我17岁半。首先，我必须通过一个资格审查委员会和一个体格检查委员会的审核。"你想当坦克兵吗？"医生问我。"想。""那就去吧。"接着，我还必须通过几个考试，不过那也只是走过场而已。有些考生在听写测验中犯的错误多达40处，但还是被录取了。

起初，学习对我来说是件很困难的事。我们几乎没有时间睡觉。我感觉总是上床睡了几秒钟，就不得不起来。我们全都累得要命，但我好歹坚持下来了。经过7个月的学习，我被授予中尉军衔，和我的连一起被派到下塔吉尔。我们在那里可饿坏了！坦克学校的伙食供应没什么问题，但我们在这个后方城市除了获得一点配给粮，其他什么都没有。有时我们能从市场上买到点东西，但还是不够吃。

坦克的生产速度着实让我大吃一惊。我和我的车组最初看到我们的第一辆坦克时，它还只是个钢铁盒子，里面什么都没有。我们观看了一会装配流程，就去吃饭了。过了一个小时，我们回去一看，发现我们的坦克不见了。我们花了点工夫才找到它，这时它的装配流程已经进行到炮塔吊装。这家工厂每天能装配出25辆坦克！没过多久，我们的坦克就准备就绪了。作为车长，我领到一块手表、一把小折刀和一块用来过滤燃油的绸布。随后我们就开赴前线。

我的车组有四个人。驾驶员格奥尔基·伊万诺维奇·克留科夫比我大10岁，在战前就当过司机。他已经参与了保卫列宁格勒的战斗，对坦克的掌握达到了出神入化的地步。我觉得多亏了他，我们才能在头几次战斗中活下来。机电员尼古拉·尼古拉耶维奇·季霍米罗夫也比我大。他是个沉默寡言的人，而且总是很怕冷。他的外套是从来不脱的。在我看来这真的很奇怪，因为我总是穿着裤子和衬衣就上战场了。就连腰带都会让我觉得不自在。这个可怜的家伙到死都穿着他的外套。我从一开始就很喜欢这两个人，尤其是我们在火车上为庆祝我的19岁生日，分享了一瓶伏特加以后。

我和第四个乘员，即装填手博佳金的关系就没么好了。在火车上，我因为一些事训斥过他，但他总是把我的话当成耳边风。我说了他好几次，他非但没听进去，反而提起一些愚蠢的指挥员被人扔下火车的传说。我尽量不去理会这些胡言乱语，克留科夫也叫他闭嘴。博佳金是个讨厌的家伙。他对什么事都感到悲观，因为他觉得我们很快就会被烧死。我从来没有这种念头，虽然我知道这种事可能发生。我不想考虑死亡的事，所以就没往这方面想。而博佳金就是这么想的，还有很多人也像他一样。他们总是心神不定，总是很痛苦，而这种人其实是死得最快的。他们动作迟缓，这是很要命的——在前线，迅速行动（而不是拖泥带水）非常重要。我能在一秒钟内爬进或爬出坦克，驾驶员也是如此。我们就是因为这样活下来的。

我们在1943年10月抵达前线,加入了近卫坦克第5集团军坦克第29军坦克第25旅坦克第362营。

10月16日晚上,我们在距离米舒林罗格不远的地方通过浮桥,强渡了第聂伯河。有一个步兵营已经在我们前头过河,并占领了一个登陆场。他们推进了三四公里,但是遭遇抵抗,我们就是被派去支援他们的。整个白天都在下雨,等到晚上雨停了,我们也接到了前进的命令。我们朝着一片森林慢慢移动。有两次德国飞机来轰炸我方步兵,逼得我们停下来。飞机就在我们头上掠过,好在它们没注意到坦克。我们经过几条战壕,当时我第一次见到战死的士兵,他们以很不自然的姿势躺在地上。卫生员正在为伤员包扎,并运走死者。好几个战士从战壕里窥探外面,然后露出微笑——坦克来了!这是一种令人愉快的感觉。

我们抵达森林西边时,天色已经变暗。我们接到的命令是准备进攻。我们都希望别在夜里进攻,不过我还是命令博佳金注意连长发出的信号。我们发了狂似的为坦克做战斗准备:擦掉炮弹上的油脂,检查发动机和行走部分。没过多久,我就看到博佳金挥舞双手:"启动发动机!"

这是我的第一次战斗——没有进行任何提前侦察。前方是一片高地,我们看不见它后面是什么。正确的做法应该是先派人了解德国人的防线布置情况,但是我们的指挥部或许想要出其不意地进攻。上级甚至禁止我们通过电台联络。我们在湿透了的地面上缓慢行进。潜望镜里除了大地和天空,什么也看不见。当我们开到高地顶上,我的第一感觉是:"真美啊!"一轮硕大的红日好像躺在地平线上一样。我往高地下方看去,只见大约800米开外有一片林带。一切似乎都很平静。我想起了有经验的老坦克兵说的一句话:"一看见敌人就开炮。"我心想,像这样瞄也不瞄就打肯定没什么效果,但又觉得还是听从劝告比较好。突然,几门反坦克炮同时朝我们开火。我想调整瞄准镜来瞄准其中一门,但实际上是白费力气。坦克在行进中根本不可能瞄准任何东西，只有停车的时候才行，但是我想起了老兵们说的另一句话："你一旦停下，就完了！"所以我们只顾着开炮，不敢停下。坦克里充满了浓烟，我的眼睛被熏得生疼，喉咙里直发痒。好在炮塔的舱盖开了一条缝，博佳金不断把废弃的炮弹壳扔出去，不然我们都会被憋死。我渐渐感到支撑不住了，但是我不断告诉自己这不会持续太久，会有机会喘口气的。

我的左边有一辆坦克着火了，右边也有两辆起火。博佳金挥舞双手在大喊着什么。好像有一枚炮弹壳撞到坦克炮护架底板上往前弹飞了出来，它的前端卡在火炮驻栓的扣上了。博佳金没法把它取出来，因为他在我开炮时一直往外扔弹壳，双手都被烫伤了。我记得我们的指挥员曾经要求我们在战斗过后把弹壳带回去，真希望他跟我们在一起，亲身体验这地狱般的一切！我用不知哪来的力气一把抓住这枚弹壳，把它扔了出去。德国人的阵地越来越近了。我往外看了看，发现一门火炮。坦克驾驶员大喊一声："抓紧了！"我们压扁了那门炮，我接着又射击了一阵，此时天色已黑，什么都看不见了。我们冲过德国人的防线，但不知道接下来该往哪儿去。我问机电员有没有接到命令。"我想他们命令过我们穿过右边的树林，然后通信就中断了。"于是，我让驾驶员右转，然后缓缓前进。路上我们经过一个干草堆，我朝它开了炮，以防有人躲在里头。当然，其实里面一个人都没有。不久，我看见前方有个村子。我们停了车，我问车组乘员有什么主意。大家都不说话。于是我说道："掉头吧，沿着我们的履带印开回去。"我们收到的命令没说要攻打村子。我们一路回到草堆那里，然后关闭了发动机。我听见有人在说话，但听不清说的是什么。突然，有人用俄语说了什么，我们便循着声音找过去。三个士兵不知从哪儿冒了出来，手里还拿着集束手榴弹。我立刻从坦克上跳下去。"什么人？"他们问道。"我们刚打了一仗回来。"我说。"那你们怎么是从德国人那边过来的?吃我们的手榴弹吧!"原来这几个人是我方侦察兵。他们正打算去那个村子,看看村里有没有德国人。于是我们车组几个人抽了支烟,然后接着赶路。这就是我的第一次战斗。回到营里时,我发现我的朋友们几乎都在战斗中牺牲了。好几个有经验的坦克兵存活了下来,但是新兵全完了。

我们实施进攻后,德国人就撤退了,然后我们开始赶着他们跑。我还记得攻打皮亚季哈特卡的战斗,尤其是当时获得的战利品。我们在那次战斗中推进到车站,找到了两列火车。其中一列装着伤兵。他们还顽抗了一阵,但是全被打死了。大家一哄而上捡战利品。我们营长建议多找些暖和的衣服和袜子,但我们都还年轻,心里想的只有伏特加、手枪和望远镜。比如所有坦克车长按理都该配备一把"纳甘"左轮手枪,但是我没领到。直到战争结束,我才搞到了一把"帕拉贝鲁姆"自动手枪。

我还记得一件有趣的事。我们曾发现一辆着火的德国汽车。博佳金过去看了看,带回来两三听食品罐头。这些罐头还是热的,所以我们都盼望着吃顿热乎的大餐。装填手和机电员打开他们分到的那听,发现里面是罐头肉。可是驾驶员和我在罐头里只找到蔬菜,便失望地把那个罐头扔了。然而,装填手和机电员吃完肉以后,在罐头底部找到了蔬菜。原来他们的罐头是从有肉的那头打开的,而我们(的罐头)是从有蔬菜的那头打开的。真倒霉!

皮亚季哈特卡的战斗结束后,我见到了军长基里琴科将军。当时我们正接近某个居民点,其外围地区有些敌人朝我们开了火,一个坦克车长被打死了。我们退到树林里,埋葬死去的战友,然后商量该怎么办。突然,我们注意到村里出现一辆威利斯吉普车。起初我们以为车上是德国人,但后来有人认出了(我方的)一个参谋和基里琴科将军。看来将军是在坦克后面沿另一条道路前进的,结果一头闯进了村子。这时,曾经对我们开火的德国人已经撤退了。基里琴科迎接了我们,幽默地说:"哦,雄鹰们，我已经解放了这个村子，现在你们可以继续进攻了。"他看上去是个挺不错的家伙，既和善又爱交际，而且没有一点架子。他停下来小吃一餐时，还和我们分享了他的三明治。

10月24日晚上，我们奉命离开涅达伊沃达村，向克里沃罗格城前进。为我们补充的弹药和油料是由一种没有炮塔的坦克送来的，有人管这种车叫"小虫子"。大家忙得几乎没有时间加油。我们前进了大约15公里，然后待在一个村子里，并采取了相应的伪装措施。我们把坦克停在农舍旁边的果园里，还用从果树上砍下来的枝叶把它们遮起来。我让博佳金去请求女主人准备一顿热饭，因为我们从发动进攻算起，就没有吃过热的食物。他很快就回来说，女主人答应做些热土豆，半小时后就能好。过了一会儿，连长让我去一趟他住的房子。当我走近那里，看见了营长的坦克，车上几乎没用任何东西加以遮掩。我脑子里顿时闪过一个念头："他们老是叫我们做好伪装，自己却不把这当回事。这会儿他们准是在屋里吃饭呢。"

我刚走到房子前面，连长特里申就出现在门口。"准备一下，你等会去侦察！"这是我最不想干的活，不过我也没得挑。然而，我最终还是没有执行这个命令。大约10分钟以后，两架德国飞机攻击了村子，特里申和营长列卡里少校都死了。列卡里少校因为他对待伪装的马虎态度而付出了生命！有个坦克车长达涅良中尉立刻命令我们把坦克开到村子的另一头，我们因此避免了重大损失：因为德国飞机之后又飞来两次，而且都是攻击村里同一片区域。到了晚上，我们迎来一个新营长。他就是戈洛维亚什金上尉，曾经担任列卡里的副手。我们跟他一点也不熟。以前我只见过他一次。

我们在夜间继续前进。说实话，我在路上睡着了，直到有人在我的坦克边上猛敲，才把我吵醒。来人正是营长。他命令我带上一门迫击炮和几个步兵，去执行侦察任务。先前福缅科和萨文的坦克都被派去实施侦察，但一直没回来。营长要求我(的坦克)低速行驶，万一发生什么事，就打一发红色信号弹。

步兵带着他们的迫击炮，坐在坦克炮塔后方的车体上。博佳金和我站在座椅上，努力地想要看清黑暗中的动静。大概行驶了3公里后，我听见一辆坦克朝我们驶来。这声音听起来像是T-34，但我不敢大意，因为我知道德国人也可能用我们的坦克。最后，我看见那辆坦克的轮廓和炮塔上站着的一个人，顿时凭着直觉意识到那不是福缅科就是萨文。我和那个人几乎同时下令停车。我跳下车，跑向对面的坦克。那人是福缅科。原来他和萨文沿着铁路线前进，发现德国佬正在站台边搬运什么东西。萨文留在那里继续监视他们，福缅科则回来寻找我们营的大部队。于是我们掉头返回部队所在地，跑到了营长坐的汽车旁边。

福缅科建议我们趁着德国人没有防备，立刻发动进攻，但是戈洛维亚什金决定先请示军长。过了半个小时，他告诉我们他联系不上军长，要我们先去两三公里以外的维切尔尼库特村。达涅良说出了我们共同的失望情绪："我们这么干是错的，只会白白丧失优势。"于是，我们派福缅科把萨文接回来，大队人马开进了那个村子。等我们完成伪装，天已经亮了。克留科夫在坦克里睡着了，我们走进一户人家，终于吃了一点热土豆。

就在吃最后几口时，我们听见村子另一头传来冲锋枪射击的声音。我的电台里什么动静也没有，于是我决定跑去找排长叶尔米申，他的坦克就停在旁边一幢房子的后面。等我跑到那里，却没有找到任何人，只好回到自己的坦克里。这时枪声停了。最后，排长的机电员跑来告诉我们之前发生了什么事情："冲锋枪手们攻击了一支朝村里开来的德国车队。他们一看见车队就开火！真是蠢货，他们应该等对方靠近了再打，把德国人全部俘虏！现在他们只抓住了十来个德国佬和两三辆马车。剩下的都散开躲进玉米田了。另外，我们的阵地已经暴露了！"

就在这时，一发炮弹"飕飕"掠过，在村子中间的某个地方爆炸了。（排长的）机电员立刻跑了，我们感觉自己像被围猎的狼群，甚至不知道敌人在哪儿。炮击越来越猛烈。德国人从四面八方攻过来，我们已经能看见起火的坦克上冒出的黑烟了。我急得团团转，好在我终于看见了叶尔米申。他一把抓住我的袖子，拽着我跑了20米左右。我们来到一片很大的空地上。"你看见对面那棵树了吗？把你的坦克开到那儿！找一个阵地观察北面的情况。还有，准备好迫击炮，快去！"

那棵树上没有叶子，我没法为坦克做好伪装。我们把迫击炮从车上搬下来，迫击炮班的班长命令他的手下帮我们藏好坦克。一个人砍树枝，其他人用树枝遮盖住坦克。过了几分钟，敌方一发炮弹在大约25米外爆炸。我对博佳金大喊："进坦克！"然后跳进了舱口。没等我的脚踩到车底，第二发炮弹就在附近爆炸了。我一屁股坐进座椅，把我的脑袋上上下下摸了个遍：好像所有零件都还在。接着，我的脑海里突然闪过一个可怕的念头："这是夹叉射击！第三发炮弹就会打中我们！"没有什么事情比等待不可避免的死亡更加恐怖！但是周围突然安静了不少。我只能听见坦克外面的呻吟声，于是打开舱盖准备往外看。两个迫击炮手躺在地上，不远处是已经散了架的迫击炮。那个迫击炮班班长躺在炮弹坑旁边。那个砍树枝的人倒在树下。只有两个人因为跳进沟里活了下来。我看不见博佳金的人影。接着，我听见旁边的房子里有人叫我。季霍米罗夫和我立刻冲进房子里。博佳金站着，想给自己包扎伤口。他抖个不停。他的肚子上有好几个被打穿的窟窿，腮帮子上也有一道伤口，血顺着脖子直往下流。我连忙抢过绷带，帮他包扎。然后我们在角落里铺了一件大衣，让博佳金躺在上面。

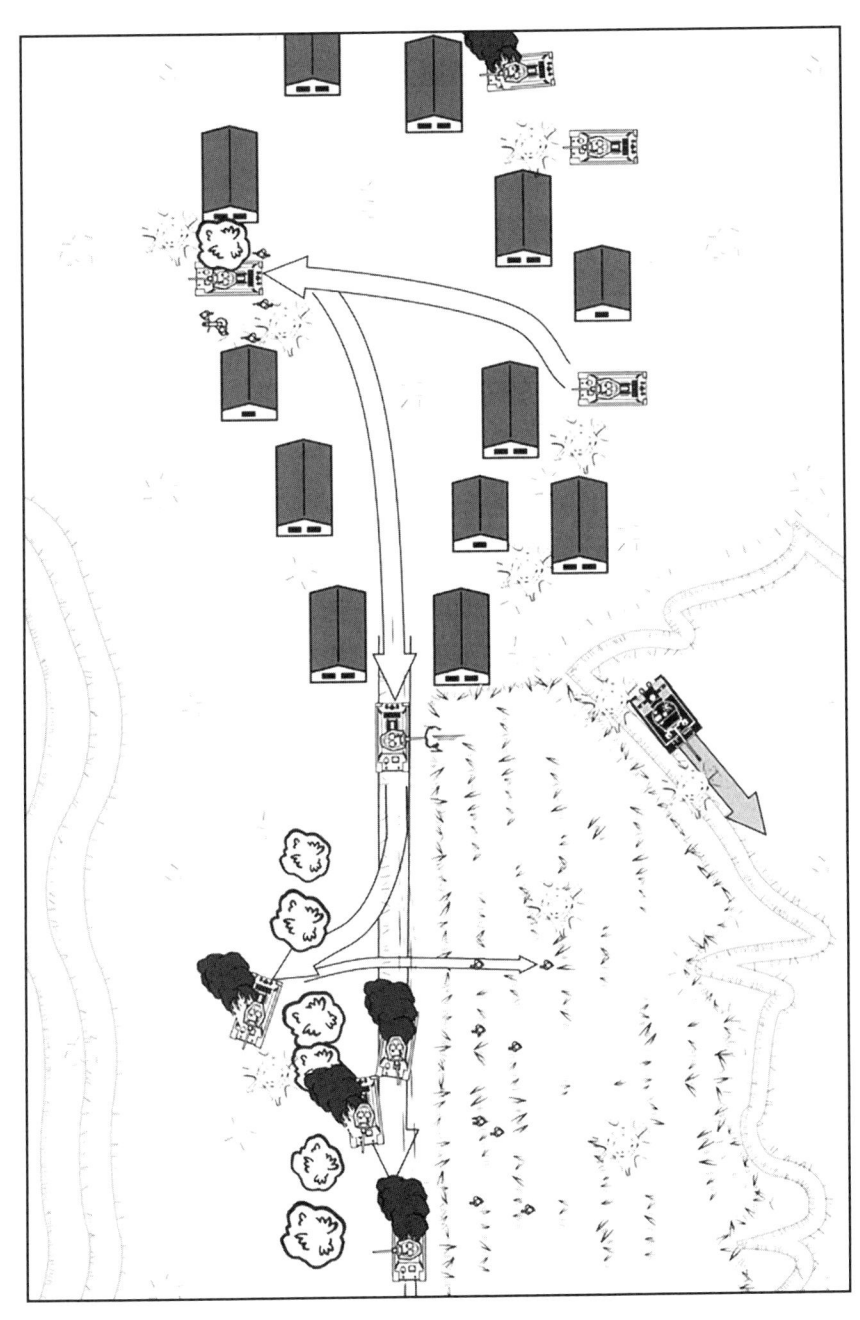

维切尔尼库特村附近的战斗。

第十二章"你一旦停下,就完了!"/ 205

我们该怎么办？我匆匆跑回坦克，但此时缺少装填手，我也不知道自己能干什么。这时，冲锋枪手部队的上尉指挥员和他的勤务员彼得朝我跑过来："你们连长已经离开村子，并且命令你跟着他。我们准备撤了。"于是，我们爬进了坦克里。彼得问我博佳金哪儿去了。他们两人自从皮亚季哈特卡的战斗以后就成了朋友。我没有告诉他博佳金的真实情况，只是叫他到坦克里来，并坐在装填手的位置上，然后我们就出村去追赶排长。我的右边是一片狭长的树林，左边是空荡荡的农田。树林后面800米左右的地方是一排丘陵，我看见排长的车就在丘陵上，附近还有另两辆坦克。叶尔米申的坦克在这些车右边，正沿着和树林平行的方向行驶。于是我命令克留科夫加速。这时，我们发觉山丘上似乎出现了几道闪光，与此同时我听见那个冲锋枪部队的上尉喊道："中尉，我们左边有辆'虎'式！"他是对的——我能看见左边的凹地里有个炮塔在移动。我赶紧转动我的坦克炮塔，同时命令彼得装填穿甲弹。但那辆"虎"式消失在了凹地里的一棵大树后面。我朝那个方向打了几炮。此时，克留科夫大声告诉我叶尔米申的坦克起火了。我看见两个人从车里跳出来，接着又是一个，但是没看见第四个。没一会儿，叶尔米申前头的两辆坦克也着火了。好几个人跳了车，跑进田地里。我知道那辆"虎"式还在附近的什么地方，很可能就是它打中了我方那几辆坦克。于是我冲着克留科夫大声喊道："格里沙，右转，到树林后面去，这种地形能掩护我们！"他迅速转弯，可是坦克还没开出20米就中弹了。原来德国人是从山丘上开炮的。

我们的坦克猛然刹车，我的脸在主炮上撞了一下。鲜血从我的鼻子里奔流而下。我急忙叫克留科夫启动发动机，但是他怎么也打不着火。我们中弹了！他转过身来，指着我背后喊着什么。我听不清他的话，于是自己转身，看见发动机舱里冒出了火舌。我瞬间感到热浪涌来，闻到了油料燃烧的气味。"弃车！"我刚一打开舱盖，就听见发动机的轰鸣声。这会不会是我军的坦克?但是接着飞来的一串机枪子弹说明了一切:有架敌方飞机正朝我们俯冲!我赶紧爬到坦克底下。借着眼角的余光,我注意到季霍米罗夫的尸体挂在驾驶员舱口上。

我不能一直待在坦克底下,因为这辆坦克随时可能爆炸。子弹"叮叮当当"地打在车身装甲上。克留科夫冲我大喊:"中尉,德国人!"我们赶紧从坦克下面爬出来,奔向田里。枪声更密了。"嗖嗖"掠过的子弹逼得我弯下腰来。我只求它们别打中我的腿——我不想当俘虏。接着,我想到可以装作中弹倒下,于是就这么做了。我就像累坏的狗一样喘得上气不接下气,但是枪声确实停了。他们以为我死了。克留科夫也和我一样栽倒在地。谢天谢地,他还活着。我们喘了几口气,然后不约而同地一起跳起来接着跑。枪声再次响起,但我很快就注意到子弹是从脑袋上方飞来的。我们又被飞机盯上了!于是,我仰面朝天倒在地上,想看看我是怎么死的。飞机在我们上方一掠而过,它的轮子几乎都要碰到地面了。我爬进一条犁沟,拼命把身体贴在地面上。那架飞机又俯冲了一次,但是没看见我们,所以没有再开火。

等一切都平静下来,我们站起身接着赶路。克留科夫带着一支冲锋枪,那是他在坦克边上捡的。我们轮流背这支枪,因为都感觉这玩意儿重得出奇。突然,我们听见身后传来震耳欲聋的爆炸声,回头一看,这才放下心来——发生爆炸的是我们的坦克,它已经变得不成样子了。我们走下一条山沟,发现一眼清泉,便清洗了一下,还休息了一会。接着我们继续走,没过多久就找到了冲锋枪手们。他们只剩三个人了,但是其中有彼得!有一个人肩上挨了一块弹片,所以我们带他到泉水边包扎了伤口,然后继续赶路。在另一片山谷里,我们又遇见另外几个战友,包括叶尔米申的机电员。他不知道自己车组其他人的遭遇。他只记得叶尔米申逃出了坦克,但是后来他们(机电员和叶尔米申)走散了。

就这样，我们聚起了13个人，包括冲锋枪手的指挥员，他也是最大的那个。他的靴子掉了，只穿着一双缴获的袜子。不过让我惊讶的是，他的肩章也不见了。当然，作为级别最高的人，尽管谁也看不见他的军衔，他还是立刻开始发号施令。克留科夫和我决定不理睬他的命令，而且尽量不跟他走。彼得也加入了我们一伙。有几个冲锋枪手朝涅达伊沃达的方向走了一段路，但发现前方是一大片旷野，便又转了回来。我们小睡到天黑，然后继续寻找营里其他人。天亮时，我们到了一个村子，在找到的第一幢房子里倒头就睡，而且那幢房子里已经挤满了军人。

晚上，我们集中到了基里琴科军长的参谋部所在的一座房子里。大家分析了这场败仗，我这时才知道应该承担责任的是一个通信军官。他把发报机丢给一个军士，自己上邻村找相好的去了。后来，他在炮击中被炸死，基里琴科说他是叛徒，后悔没找机会公开枪毙他。可我感到奇怪的是，没有人责备戈洛维亚什金。似乎那个通信军官是唯一有罪的人。在大会结束时，将军许诺给每个人发勋章。但是我从没得到那份嘉奖。直到战争结束，我才因为柯尼斯堡和泽姆兰半岛的战斗获得"卫国战争"勋章和"红星"勋章。

在这几次战斗过后，我被调入近卫坦克第5集团军的预备队，后来又被派回后方采备面包。我们住在第聂伯罗彼得罗夫斯克州萨里昌斯克地区的一个村子里。村里有好多妙龄少女，我们中的大多数人都在那里找到对象，成了露水夫妻。连粮食的事都被忘在脑后。后来，我们又接到为集团军筹粮的命令。我被任命为磨坊主任，干脆就戴着我的坦克帽发号施令！按说我们应该日夜不停地工作，但在夜里磨坊的机器总是会出现"故障"，而我们又习惯在早上进行"修理"。于是，对我来说，1944年就这样飞快地过去了。也许这恰好救了我的命。

1944年年底，我被派往方面军预备队，在1945年年初被调入坦克第

1军的坦克第159旅。这个军经历了多次战斗,我所在的旅甚至已经没有坦克了。过了一个半月,我们得到一批坦克,它们可能是靠爱沙尼亚人民的捐款制造的。这就是著名的"连比图"纵队的由来。

在攻打柯尼斯堡的战斗中,我们并没有出多少力。步兵、炮兵和航空兵把活都干了。后来,我们被调到泽姆兰半岛。其他旅的坦克突破了德国人的防线,随后我们旅就从突破口打进去。到晚上,我们在一个叫"盖尔茂"的地方附近遇到了德国人。(我方)三辆侦察时冲在前方的坦克损失掉了,然后我们在4月16日上午发起了总攻。

盖尔茂的地势有点低,德国人的工事就修在它后方的高地上。当时我们营只剩几个连长的坦克了。我是其中一辆的车长,因为我的连长负伤了。另两个连长列维茨基和舒托夫获准不参加进攻,毕竟大家都明白,战争快结束了,当然没人愿意死在最后几场战斗里。

我们朝着高地进发。我的驾驶员没有让坦克沿着道路前进,而是转向了右边。也许他是想避开一些障碍,也许他是故意这么做的。不管怎么说,我们的坦克就是在那时被击中左侧。我想跳车,但打不开自己的舱盖,便从装填手的舱口跳了出去。地上有个巨大的炮弹坑,就在右侧履带附近。我没时间多想,马上跳进了坑里。这个坑至少有5米深。但是我(在跳入坑里的过程中)一点没伤着!我的驾驶员已经在坑里了。他说自己受伤了,原来一块弹片打进了他的脚跟。我们为他包扎好伤口,然后匍匐进入村子。我留下装填手,让他陪着驾驶员,自己爬进前方一道战壕里。这时我发现我的手枪里塞满了泥巴,不能用了,只好把它扔掉。我又回到车组乘员那儿,然后我们设法爬进了房子里。我在一幢房子的地下室里找到一件毛皮大衣,便躺在上面睡着了。

我在早上醒来,听见外面人声鼎沸。我出门一看,只见一队德国俘虏走来。看来德国人的防线就在我睡着时被我军突破了。然后我找到了我的坦克。上面竟然有37个窟窿！装着我的战利品的箱子被炸成碎片——除了我的照片和几件衣服，其他什么都没剩下。当然，战利品算什么？重要的还是命保住了。不幸的是也有很多人牺牲，甚至包括预备队的一些官兵。我记得其中有个小伙子曾经给我们看他女朋友的照片。他是顶替一个负伤的指挥员参与战斗的，结果在皮劳附近被烧死了。我在这之后就没有继续参与战斗，因为我们部队已经没有坦克了。我被留在预备队里。

你问我们是怎么对待德国平民的？我不是那种怀有深仇大恨的人。我记得自己还找一个德国人借过火。他给了我一盒火柴，我点着一根烟，然后就把那盒火柴还给了他。伙伴们都笑我，因为他们觉得这太怪了。至于其他人么……确实有过这样那样的事。那些在德军占领期间失去了亲人的人往往会变得无情。有个小伙子的家人被德国人杀了，他有一次喝醉以后就拿了一支冲锋枪，朝一队俘虏扫射。当然，他受到了惩罚，但已经有好几个人被他打死。我还看见一个姑娘死在一辆坏掉的大车下面，裙子都被掀起来了。有些家伙爱找德国姑娘下手。我对这种事只觉得恶心。不过，这世上什么事都有。人跟人不一样，大家各有各的问题。要是我的亲人被杀了，我大概同样会想方设法给他们报仇吧。

5月期间，我们军一直在准备参与对日本的战争。天气糟透了。我们在一个火车站里坐着，回忆着最后的几场战斗。我们谈到了一辆坦克触雷爆炸的事。装填手和炮塔一起被掀飞到空中。他们飞了有大约20米远。(地上的)坦克里面的车组乘员都死了，但装填手活了下来。三天后，他从野战医院返回部队，除了有点结巴，其他什么事都没有。说到这里，大家都笑了。突然，我们听到外面一声炮响。大家都警觉地闭上了嘴。是德国人吗？接着有人喊道："不是的！战争结束了！"我们赶紧冲到外面。只见满天都是子弹乱飞。战争结束了！我抓起不知是什么人的步枪，也开始朝天放枪。我无法形容自己感受到的快乐。那天晚上没有人睡着。